子瑜妈妈 的
戚风蛋糕

子瑜妈妈◎著

浙江科学技术出版社

感谢海让我遇见你！
祝你幸福到永远！

孙丽丽
2016.11.

前　言

我想要写一本关于戚风蛋糕的书，
任何戚风蛋糕的问题都能在这本书里找到答案，
让学做戚风蛋糕的人不用经历可怕的"七疯"，一次就成功！

如果你正在翻阅这本书，说明你对戚风蛋糕感兴趣，
兴趣是最好的老师，你的成功指日可待。

做戚风，会入迷！沉迷于它的轻盈！
沉迷于它的高度！沉迷它那性感的中空！
我爱上了戚风，我为戚风狂！你呢？

子瑜妈妈

目录
Content

Part ③ 打扮一下美美的! 073

Part 1 / 先来
了解一下基础知识

什么是戚风蛋糕？

　　戚风蛋糕的英文是"chiffon cake"，"chiffon"这个词的意思为"薄纱、雪纺绸"，可想而知，戚风蛋糕是一款超级蓬松、柔软、轻盈的蛋糕。

　　戚风蛋糕最初由美国人哈里·贝克（Herry Baker）发明，直到20年后的1947年，该秘方公布于世，这款轻盈、绵软、细腻的蛋糕才开始风靡全球。

　　戚风蛋糕的特点是将蛋白和蛋黄分开来搅打，用这样的制作方式烘烤出来的蛋糕比用全蛋打发的面糊烘烤出来的蛋糕体积更蓬松，口感也更细腻。戚风蛋糕的另一大特点就是运用了植物油，而非黄油，这样不仅使饱和脂肪酸含量降低，蛋糕糊也更稳定、更不易消泡，烤出来的蛋糕也更蓬松。

　　这就是戚风，一款人人都爱的蛋糕。

烤箱

电动打蛋器

手动蛋抽

3

1

15cm 中空模

18cm 中空模

2

搅拌盆

4

想要一次成功，
需要备齐这些用具

装备 1　**烤箱**

　　目前，中国大多数家庭使用 30L 左右的小烤箱。小烤箱有时候温度不是很精准，容易偏高或偏低，所以，很多写烘焙方子的博主都会在文章中备注一句：烤箱温度和时间仅供参考。一定要多尝试几次才能摸准自己烤箱的温度，烘烤后期记得在边上观察上色情况，酌情增减时间和温度。只有先了解自己烤箱的脾气，才能做出成功的蛋糕。

装备 2　**戚风模**

　　推荐使用中空铝制戚风模，一般尺寸有 14cm、15cm、16.5cm、17cm、18cm、20cm、24cm，这种模具中间如烟囱，烘焙时可以使面糊受热均匀、快速爬升，成品轻盈、蓬松！特别要提醒的是，购买模具前要考虑到自家烤箱的大小，我家用 30L 烤箱，我配的最大的戚风模是 18cm 的。

装备 3　**打蛋器**

　　打蛋器分为电动和手动两种。购买一台电动打蛋器非常有必要，打蛋白时特别省力。一般家庭用的话，手持式的就可以了。手动的蛋抽也很必要，我在做戚风时，手动蛋抽是用来搅拌蛋黄糊的，不会太快也不会搅拌不匀，加入面粉后特别容易拌匀。

装备 4　**搅拌盆**

　　需要准备两个大点的搅拌盆，深度不要太浅，硬度要大，可以选择不锈钢或者钢化玻璃的。

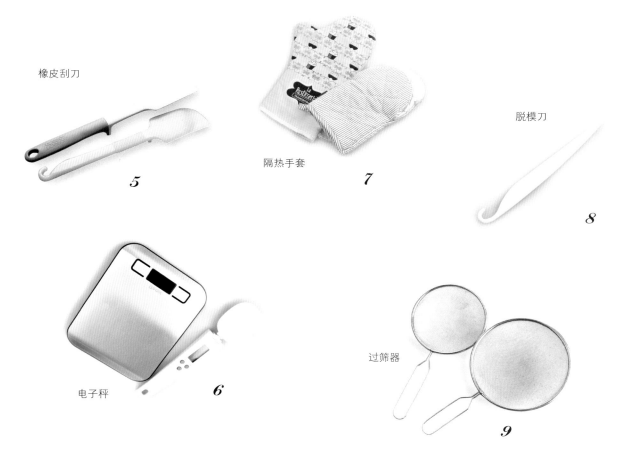

橡皮刮刀

5

隔热手套

7

脱模刀

8

电子秤

6

过筛器

9

装备 5　橡皮刮刀

在面糊搅拌混合、挑蛋白到蛋黄糊盆中、刮干净盆壁上的面糊时，都需要使用刮刀。

装备 6　电子秤

这个装备绝对不能少，有太多的人用"毛估估"的方式来称量戚风材料，做失败了后还很迷茫地问："为什么我按照你的方子做的却失败了？"对于一个新手来说，请千万要把材料称量精准了再开始制作，材料的精确度决定你做出来的蛋糕的完美度。等成为一个老手的时候，你可以修改配方，搭配出属于自己的独一无二的方子。

装备 7　隔热手套

没有隔热手套可不行哦！选择棉麻材质且有一定厚度的隔热手套，能帮你安全快速地完成倒扣的步骤。一定要养成碰烤箱之前戴好隔热手套的习惯，杜绝一切在烘烤过程中徒手伸进烤箱里的动作。

装备 8　脱模刀

很多新手都不会徒手脱模，这需要一定的经验累积，在这之前，请借助脱模刀。脱模刀细细长长扁扁的，淘宝搜"脱模刀"即可买到，脱模方法详见第 19 页。

装备 9　过筛器

面粉在加入之前，需要过下筛。因为面粉会结块成粒状，过筛之后比较容易与液体混合，烘焙后口感较为细腻、松软。

鸡蛋

低筋面粉

了解戚风蛋糕，
从认识主要材料开始

主材料 1　鸡蛋

① 必须选择足够新鲜的鸡蛋，新鲜的鸡蛋在分蛋的时候蛋黄不容易裂。

② 选择蛋白较多、蛋黄小的普通鸡蛋，带壳重量每个在 70g 左右。不适合用本鸡蛋，因为本鸡蛋的蛋黄大、蛋白少，而蛋糕的膨发需要更多的蛋白。如果一定要使用本鸡蛋，可以将蛋白、蛋黄分开称量。

③ 我选择用冷藏后的鸡蛋做戚风，尤其是在夏天，冰凉的蛋白打发出来会特别细腻和稳定，不易消泡。蛋黄太冰会影响蛋黄糊的乳化，所以鸡蛋不要过分的冷。我一般把鸡蛋放在冰箱的冷藏室，温度是 2℃。

主材料 2　低筋面粉

① 做戚风蛋糕应选择低筋面粉，低筋面粉蛋白质含量平均在 8.5% 左右，不容易出筋，使蛋糕更松软。一般我们用低筋面粉做蛋糕，用高筋面粉做面包，用中筋面粉（即普通面粉）做包子、馒头等。

② 一般在菜场卖面粉的摊位、大型超市的面粉区、超市烘焙区都能买到低筋面粉。如果在这些地方都买不到低筋面粉，可以去网络烘焙店购买。

主材料 3　植物油

① 戚风蛋糕中使用的是植物油而非黄油，使用植物油的蛋糕面糊很稳定，不易消泡，比用黄油做的蛋糕要蓬松很多。

3

植物油

4

糖

5

牛奶

⑦ 我一般选择无味的调和色拉油，烤出来的蛋糕比较原味，但是像花生油、熟菜油、橄榄油、芝麻油等，也都可以用来制作蛋糕，做出来的蛋糕具有各自特别的香味哦。

主材料4 糖

⑦ 我平时使用细砂糖，有时候也会用绵白糖和糖粉，都能成功做好戚风。不太建议用粗砂糖，因为其颗粒太大，很难溶化。

② 加入足量的砂糖是为了让蛋白霜稳定而细腻，新手请不要随意减少方子中的糖量，以免失败。

③ 打蛋白时，糖要分多次加入，一次性加入太多的话反而会阻碍蛋白的顺利打发。

主材料5 牛奶或其他液体

⑦ 我平时使用鲜牛奶制作，蛋糕体香醇、湿润、有弹性。也可以用水、果汁等替换牛奶，但因为牛奶有一定的浓稠度，所以在用水等替换时，用量应酌情减少一点，以免蛋糕因为液体偏多而制作失败。

② 如果要加入果泥、果酱等有稠度的液体，需要减少牛奶用量。多培养自己的肉眼观察力，把面糊厚度调整到平时做普通戚风时的厚度。感觉面糊太稀的话可以适当加点面粉，感觉面糊太干的话可以适当再加点牛奶。

制作戚风蛋糕
的 10 个关键点

 要有一个好的配方

如果你在网上搜索做戚风蛋糕的方子，会出来一大堆，于是会想：哪个才靠谱呢？你可以点进去看看该方子的成品，如果蛋糕蓬松、有高度、不凹顶、不凹底、应该就是不错的方子。至于味道么，就要等尝过之后才知道了。

 鸡蛋选择有讲究

① 要选择最新鲜的鸡蛋，新鲜的鸡蛋蛋白比较稳定，分蛋时蛋黄也比较好分离，不容易破。
② 要选择蛋白多、蛋黄小的普通鸡蛋，而非本鸡蛋。普通鸡蛋的蛋白较多，一个蛋糕中蛋白比例多了，蛋糕就会足够蓬松。
③ 蛋白在 20℃左右的常温下非常容易打发。

要选蛋白多、蛋黄小的普通鸡蛋，不要选本鸡蛋

如果没有电动打蛋器，可选择常温鸡蛋，打发起来会比较轻松点。但是，蛋白容易打发，不代表打发得好，冷藏后的蛋白，打发会相对费力点，但是蛋白霜会更细腻、更稳定，做蛋糕成功率更高。所以说，想要好好做蛋糕的人，电动打蛋器还是得有一个的。

 蛋白打发要到位

蛋白打发真的太重要了，本书后面会专门全面图解蛋白的打发方式与过程，书的最后还附有视频展示，让你一目了然，一次成功。蛋白打到湿性发泡即可用于中空戚风，口感会比较 Q 润。但是，建议初学者和使用普通圆底模制作戚风的人，必须将蛋白打到干性发泡后再使用，以免失败。（蛋白打发图解详见第 17 页）

蛋白要打发到位

④ 蛋黄糊乳化很重要

蛋黄应先加糖充分打至颜色变浅，体积略膨胀，然后再和其他材料充分混合。用这样的蛋黄糊拌出来的蛋糕糊会非常稳定，不容易消

蛋黄糊乳化要完全

泡，烤出来的蛋糕不会凹顶，组织细腻而蓬松。这里特别要提示的是，如果用普通圆底模具烤戚风，蛋黄必须打到颜色发浅、体积膨胀阶段才可以，不然会凹顶。

要选择适合面糊爬伸的模具

⑤ 用合适的搅拌手法

是不是经常可以看到"翻拌"、"切拌"、"不要转圈搅拌"的描述？我个人的心得是，只要蛋黄糊和蛋白霜都足够稳定，混合时少量的转圈搅拌也不会消泡，当然能用娴熟的翻拌手法搅拌面糊才是最正确的。非常重要的一点是，搅拌面糊、入模、震模和入烤箱这个过程要一气呵成，搅拌好的面糊若不及时烘焙的话才真的会消泡。（搅拌图解详见第18页）

⑦ 预热、震模

预热，就是预先让烤箱达到你想要的温度。因为从烤箱开火到温度达到你设定的数值需要一定时间，因此，一般烤箱使用时都需要预热。使用预热好的烤箱来烘焙戚风，更有利于面糊组织膨发到最佳状态。

将面糊装入模具后，接下来的震模必不可少。将模具在桌面上轻磕几下，震去面糊里的气泡，可以减少蛋糕体里的气泡与大空洞。

不要搅拌

⑥ 模具的选择

做戚风蛋糕不能使用不粘的模具，用不粘模具的话面糊无法很好地着壁爬伸，无法使蛋糕体积丰盈、蓬松。用中空戚风模具是最适合的。此外也可以选择一些容积合适且利于爬伸的模具，如纸杯、普通圆底模具等。

⑧ 观察烘烤过程

现在很多家庭使用的是30L左右的家用小烤箱，很多温度都有点偏高，偶尔也会出现几例温度偏低的，所以要及时观察。如果蛋糕上色过度，可以及时盖张锡纸或者调低温度；如果烘焙时间到了但蛋糕还没熟，则可以立即增时续烤。

立即倒扣

戚风蛋糕烤好后体积蓬得很高大，但是面粉含量少，支撑力不够，所以烤好后必须立即倒扣，才能防止蛋糕回缩。不及时倒扣的戚风会凹顶。

中空模

普通模

戚风蛋糕烤好后一定要倒扣

 脱模要小心

① 彻底冷却是关键：戚风蛋糕由于面粉含量低，组织又特别蓬松，如果没有完全冷却就脱模，蛋糕会出现收腰现象。

② 可以借助脱模刀：有多少人好不容易烤出了完美的蛋糕，最后一步却把蛋糕脱"残"了？哈哈哈，是不是超想抽自己？一般厨房用的细长扁平的小刀、竹片什么的都可以当作脱模刀来用。网上也有专门的"脱模刀"卖。用脱模刀脱模的操作方法详见本书第19页。

③ 其实蛋糕是可以徒手脱模的，操作详见本书第20页。

蛋糕脱"残"是很悲惨的，是不是很想抽自己？

这些制作戚风蛋糕的过程一定要知道

材料：蛋白 200g，蛋黄 100g，细砂糖 80g（60g 加入蛋白中，20g 加入蛋黄中），
色拉油 50g，牛奶 50g，低筋面粉 85g，柠檬汁几滴

模具：18cm 中空模

烘焙：175℃，40 分钟

（一）蛋黄糊的制备

① 在蛋黄里加入细砂糖。　② 用蛋抽将蛋黄打匀至颜色变浅。　③ 边搅拌边缓缓加入色拉油，再彻底搅拌均匀。

④ 边搅拌边缓缓加入牛奶，彻底搅拌均匀。　⑤ 加入过筛的低筋面粉，用蛋抽搅拌至细腻无颗粒。　⑥ 搅拌好的面糊应细腻无面粉颗粒，有一定厚度。

（二）蛋白打发过程

① 将蛋白、蛋黄分离在干净无水无油的盆中。　② 蛋白用中低速打至粗泡状态，加入 1/3 细砂糖。　③ 打至细腻的泡沫状态，再加入 1/3 细砂糖。

④ 继续打至起纹路状态，加入剩下的细砂糖，转高速搅打。

⑤ 打至湿性发泡状态，打蛋头从蛋白霜中拉起，有弯曲不掉的尖角。

⑥ 继续打为干性发泡状态，打蛋头从蛋白霜中拉起，有直立不倒的尖角。

（三）面糊的混合

❶ 取 1/3 蛋白霜加入蛋黄糊盆中，翻拌均匀。

❷ 再取 1/3 蛋白霜加入蛋黄糊盆中，翻拌均匀。

❸ 将蛋黄糊倒入剩下 1/3 蛋白霜的盆中。

❹ 将面糊彻底快速翻拌均匀。

❺ 倒入模具，装至七分满，有多余面糊的话可装在小纸杯中同烤（普通圆底模的话装至八分满）。

❻ 将面糊基本抹平整，模具的内侧边缘也往上多抹点面糊，有利于面糊在烘焙时爬升。

❼ 用双手大拇指按住"烟囱"口，提起模具，在桌面上轻磕几下，震出多余气泡。

（四）烘焙的整个过程

❶ 送入预热好的烤箱，放下层，上下火 175℃，40 分钟。

❷ 5 分钟后面糊开始慢慢膨胀、略上色。

❸ 10 分钟后已经可以看到明显的膨胀。

❹ 20 分钟后开始有裂纹出现。

❺ 30 分钟后顶部上色，且已经膨胀得很高，并有继续往上膨胀的趋势。

❻ 40 分钟后，经历了膨胀、上色后，从最高处略回落，可以关火出炉了。

（五）脱模过程

脱模刀脱模：

❶ 到时间后取出蛋糕立即倒扣。彻底晾凉后准备脱模。

❷ 将脱模刀插入"烟囱"内侧并绕一圈。

❸ 再插入模具外壳的内侧边缘绕一圈。

④ 将"烟囱"从底部往上顶出，就可以将外壳脱去了。

⑤ 从"烟囱"底部插入刮刀绕一圈，就可以彻底脱模了。

⑥ 脱模后将蛋糕倒扣放置。

徒手脱模：

① 用手将"烟囱"内侧蛋糕体向下压 1/3 深度。然后用双手轻轻将蛋糕从模具壁上剥开约 1/3 深度。

② 从底部将中间"烟囱"小心推出。

③ 倒扣，继续从底部将中间"烟囱"小心推出。

④ 外壳脱离成功。

⑤ 用手将蛋糕底从"烟囱"托底上剥下来。

⑥ 脱模完成。

Part 2 / 开始
做戚风蛋糕吧！

戚风蛋糕模具的选择

戚风蛋糕在制作时可以用不同的模具，包括最常见的中空模（中间如烟囱，所以也叫烟囱模）、普通的活底圆模，以及容量适合且利于面糊爬升的纸杯或其他纸质模具。我在这里推荐大家使用铝制的中空模，相比较于活底圆模，这种模具可以使面糊更加均匀地受热，做出来的成品口感更加轻盈，组织更加膨发有弹性，外形也会更加高耸。

一般普通活底圆模是按寸标的，分为 6 寸、8 寸、10 寸等尺寸，而中空模是用厘米标的，分为 20cm、18cm、17cm、15cm 等几种尺寸。

普通活底圆模做出来的戚风蛋糕　　中空模具做出来的戚风蛋糕

有的时候我们得到一个配方，但是手边没有合适的模具，这个时候就需要根据手头的模具换算，得到适合自己的配方。根据子瑜妈妈的经验，普通 8 寸活底圆模所需的面糊量是 6 寸活底圆模的 2 倍左右。18cm 中空模所需的面糊量是 15cm 中空模的 2 倍左右，20cm 中空模所需的面糊量是 17cm 中空膜的 2 倍左右。值得注意的是，两种模具的方子是不能通用的。一般而言，圆底模具的配方是可以用中空模具来做的，但是中空模具的配方就不一定适合普通圆底模具了，因为面粉含量不一样，很容易导致凹顶的。

另外，再次强调一下，制作戚风蛋糕时是绝对不能用不粘模的，因为不粘模的壁不适合面糊的爬升。

戚风蛋糕的烤制温度

高温可以让面糊快速膨发，所以高温烘烤出来的蛋糕体积比较膨大，成品比较高耸，而且会炸裂开来，而用低温烤出来的蛋糕会比较平稳一点。当然，如果烤制的温度过高，蛋糕就会上色过深。要注意的是，家用小烤箱火力大都有点偏大，所以大家在烤制的时候一定要摸清自家烤箱的脾气，千万不要照搬书上的配方。

高温烘烤出来的戚风蛋糕　　　　　低温烘烤出来的戚风蛋糕

关于本书配方的细节提醒

① 本书使用较大个的鸡蛋（每个 65 ~ 70g，其中蛋白约 40g，蛋黄约 20g，蛋壳约 10g），配方中的柠檬汁可用白醋代替，但会少了柠檬的清香。柠檬汁和白醋都没有的话，也可不加，但蛋糕可能会有蛋腥味。

② 烘焙过程中烤箱应提前 5 分钟预热，预热时温度提高 5℃，模具送入烤箱后再减掉预热时提高的 5℃，开始烘焙。放中下层，上下火齐烤。

③ 重点提醒：关于面糊的量，一切参数都只是参考，最直观、简单的办法是目测面糊高度，7 ~ 8 分满是最合适的，多出来的面糊可用小纸杯装起来同烤。

关于本书配方的重点描述

也许你会发现，本书配方里的数据不是严格按 1 倍、2 倍的规律递增的，前面写到 18cm 中空模的面糊量约是 15cm 中空模的 2 倍（见第 22 页），但是在具体配方中，15cm 中空模的蛋白量是 80 克，而 18cm 中空模的蛋白量不是 160 克，而是 200 克，这是为什么呢？

因为我验证过，用 200 克蛋白的配方可以成功做出 18cm 的蛋糕。当然，用 160 克蛋白的配方也可以成功做出 18cm 的蛋糕，不同的是，前者的面糊装在模具中可以达到八分满，蛋糕会蓬得较高。而后者的面糊可以装至七分满，蛋糕只高出模具一点点。

那我为什么一定要把蛋白的量写成 200 克而不是 160 克呢？因为大多数人做蛋糕的时候，鸡蛋都是按个数计量的，如果按具体的克数计量，有可能会出现多半个或少半个的情况，最后扔与不扔会很纠结。所以，本书开篇就介绍，我们用的鸡蛋每个重量为 65 ~ 70 克（买最普通的鸡蛋，蛋白比较多，每个蛋的蛋白约 40 克，蛋黄约 20 克）。15cm 中空模用 2 个蛋，17cm 中空模用 3 个蛋，18cm 中空模用 5 个蛋，20cm 中空模用 6 个蛋。用个数来定量，更清晰、易懂又不浪费鸡蛋。所以当比例超过 2 倍时，有可能还会多出面糊，你可以装在小纸杯中同烤。

为什么水、油、奶、糖、面粉等的量也不成比例？一是因为要配合方子中蛋白、蛋黄的克数变化，蛋白多的，自然液体、粉类也要跟着增加。二是因为我希望本书最与众不同的一点就是数据简单化，所有数据的个位数基本上都设置成 0 或 5，方便大家整数称量。这些细微调整也表明：只要掌握了做蛋糕的技术，方子中数据的小浮动是不会产生大问题的，一样可以做出美味的蛋糕。

再次强调，本书用的鸡蛋都是比较大的，就是在菜场经常可以看到的那种个头最大的普通洋鸡蛋。所以在制作蛋糕之前，用电子秤称量一下鸡蛋重量很有必要。

中空模具做戚风
经典原味戚风

中空模		15 cm	17 cm	18 cm
蛋白霜	蛋白	80 g（约2个蛋白）	120 g（约3个蛋白）	200 g（约5个蛋白）
	细砂糖	40 g	50 g	60 g
	柠檬汁	几滴	几滴	几滴
蛋黄糊	蛋黄	40 g（约2个蛋黄）	60 g（约3个蛋黄）	100 g（约5个蛋黄）
	细砂糖	10 g	15 g	20 g
	色拉油	30 g	40 g	50 g
	牛奶	30 g	50 g	50 g
	低筋面粉	40 g	65 g	85 g
烘焙	温度	170 ℃	175 ℃	175 ℃
	时间	35 分钟	35 分钟	40 分钟

1. 在烘焙的时候不要总是站在烤箱前面看。
2. 不要把凉水溅到正在高温烘焙的玻璃门上。
3. 烘焙过程中不可将手伸进烤箱里，以免烫伤。
4. 不要让孩子接近烘焙中的烤箱。
5. 烘焙过程中不要将烤箱的电线插头贴牢发热的烤箱。
6. 食物烤好后，记得一定要先戴上隔热手套再从烤箱中取食物。
7. 开烤箱门时，眼睛不要太靠近烤箱。

一、来制作蛋黄糊

1　将蛋白和蛋黄分离在两个干净无水无油的盆中，蛋白中不可混入蛋黄。
2　在蛋黄盆中加入 20g 细砂糖，加入色拉油、牛奶，低速打至完全混合均匀。
3　筛入低筋面粉，先用打蛋头手动搅拌几下，然后开低速打至完全混合均匀。

二、打发蛋白霜

1　在蛋白盆中滴入几滴柠檬汁，中低速打至粗泡状态，加入 20g 细砂糖。
2　中速打至蛋白霜呈细腻泡沫状态，加入 20g 细砂糖。
3　高速打至蛋白霜湿性发泡，加入剩余的 20g 细砂糖。
4　高速将蛋白霜打至硬性发泡，即从蛋白霜中拉出打蛋头，可见直立不弯曲的尖角。

三、将面糊混合

1　取 1/3 蛋白霜加入蛋黄糊盆里，用刮刀快速翻拌均匀。
2　再取 1/3 蛋白霜加入蛋黄糊盆里，继续用刮刀快速翻拌均匀。
3　将蛋黄糊盆里的面糊全部倒入蛋白霜盆中，快速翻拌均匀成细腻的面糊。
4　将混合好的蛋糕面糊倒进干净的 18cm 中空戚风模中。
5　用双手大拇指按住中间"烟囱"，提起模具在桌面上轻磕几下，震去面糊中的气泡。

四、烘焙，脱模

1　将蛋糕模送入预热好的烤箱，放中下层，175℃，40 分钟，上下火齐烤。
2　烤好后立刻取出，倒扣冷却，彻底冷却后脱模即可，详细操作参见第 19 页。

普通活底圆模做戚风
6 寸戚风

普通活底圆模		6 寸	7 寸	8 寸	10 寸
蛋白霜	蛋白	80 g（约 2 个蛋白）	120 g（约 3 个蛋白）	200 g（约 5 个蛋白）	280 g（约 7 个蛋白）
	细砂糖	40 g	50 g	60 g	80 g
	柠檬汁	几滴	几滴	几滴	几滴
蛋黄糊	蛋黄	40 g（约 2 个蛋黄）	60 g（约 3 个蛋黄）	100 g（约 5 个蛋黄）	140 g（约 7 个蛋黄）
	细砂糖	10 g	15 g	20 g	30 g
	色拉油	30 g	40 g	50 g	90 g
	牛奶	30 g	50 g	50 g	105 g
	低筋面粉	50 g	70 g	90 g	140 g
烘焙	温度	170 ℃	175 ℃	175 ℃	175 ℃
	时间	35 分钟	35 分钟	40 分钟	50 分钟

零失败必看

1. 千万不要追求什么不裂的效果，这是很没有意义的事情，裂的也是成功的！不裂的不一定比裂的好吃。

2. 蛋白必须打发到湿性或者干性状态，建议初学者必须打发到干性。

3. 蛋黄糊搅拌要充分到位，不然容易凹顶或者凹底。

4. 蛋白霜与蛋黄糊混合时，翻拌混合要快速，避免消泡。

5. 烤好后必须立即倒扣，不然容易中间塌陷，必须彻底晾凉才可脱模，不然容易塌。

一、准备蛋黄糊

1 将蛋白和蛋黄分离在两个干净无水无油的盆中，蛋白中不可混入蛋黄。

2 在蛋黄盆中加入 10g 细砂糖，搅拌至蛋黄颜色变浅、体积略膨胀，加入色拉油充分搅拌均匀，再加入牛奶充分搅拌混合均匀。

3 筛入低筋面粉，用蛋抽充分搅拌均匀。

二、打发蛋白霜

1 在蛋白盆中滴入几滴柠檬汁，中低速打至粗泡状态，加入 20g 细砂糖。

2 中速打至蛋白霜呈细腻泡沫状态，加入 20g 细砂糖。

3 高速将蛋白霜打至硬性发泡，即从蛋白霜中拉出打蛋头，可见直立不弯曲的尖角。

三、将面糊混合

1 取 1/2 蛋白霜加入蛋黄糊盆里，用刮刀快速翻拌均匀。

2 将蛋黄糊盆里的面糊全部倒入蛋白霜盆中，快速翻拌均匀成细腻的面糊。

3 将混合好的蛋糕面糊倒进干净的 6 寸活底普通圆模中。

4 提起模具在桌面上轻磕几下，震去面糊中的气泡。

四、烘焙，脱模

1 将蛋糕模送入预热好的烤箱，放中下层，170℃，35 分钟，上下火齐烤。

2 烤好后立刻取出，倒扣在烤架上冷却，彻底冷却后借助脱模刀脱模，详细操作参见第 19 页。

孩子们的最爱
可可戚风

中空模		15 cm	17 cm	18 cm
蛋白霜	蛋白	80 g（约2个蛋白）	120 g（约3个蛋白）	200 g（约5个蛋白）
	细砂糖	40 g	40 g	60 g
	柠檬汁	几滴	几滴	几滴
蛋黄糊	蛋黄	40 g（约2个蛋黄）	60 g（约3个蛋黄）	100 g（约5个蛋黄）
	细砂糖	10 g	15 g	20 g
	可可粉	7 g	10 g	15 g
	色拉油	30 g	40 g	50 g
	牛奶	30 g	50 g	50 g
	低筋面粉	33 g	55 g	70 g
烘焙	温度	170 ℃	175 ℃	175 ℃
	时间	35 分钟	35 分钟	40 分钟

零失败必看

① 往中空模中加面糊时，不要超过八分满，面糊多了的话可以装在小纸杯中。

② 用中空模做戚风时，不要用低温去烤，追求不裂很没意义，而且低温烤出来的蛋糕不够蓬松、轻盈、香醇。

③ 烤的时候，一般蛋糕都放下层，因为膨胀起来后会一直往上顶。如果放中层烤，膨胀起来后有可能会顶到上发热管，很容易焦顶。

一、准备蛋黄糊

1 将蛋白和蛋黄分离在两个干净无水无油的盆中，蛋白中不可混入蛋黄。

2 在蛋黄盆中加入 20g 细砂糖，加入色拉油、牛奶，低速打至完全混合均匀。

3 筛入可可粉和低筋面粉，先用打蛋头手动搅拌几下，然后开低速打至完全混合均匀。

二、打发蛋白霜

1 在蛋白盆中滴入几滴柠檬汁，中低速打至粗泡状态，加入 20g 细砂糖。

2 中速打至蛋白霜呈细腻泡沫状态，加入 20g 细砂糖。

3 高速打至蛋白霜湿性发泡，加入剩余的 20g 细砂糖。

4 高速将蛋白霜打至硬性发泡，即从蛋白霜中拉出打蛋头，可见直立不弯曲的尖角。

三、将面糊混合

1 取 1/3 蛋白霜加入蛋黄糊盆里，用刮刀快速翻拌均匀。

2 再取 1/3 蛋白霜加入蛋黄糊盆里，继续用刮刀快速翻拌均匀。

3 将蛋黄糊盆里的面糊全部倒入蛋白霜盆中，快速翻拌均匀至面糊细腻。

4 将混合好的蛋糕面糊倒进干净的 18cm 中空戚风模中。

5 用双手大拇指按住中间"烟囱"，提起模具在桌面上轻磕几下，震去面糊中的气泡。

四、烘焙，脱模

1 将蛋糕模送入预热好的烤箱，放中下层，175℃，40 分钟，上下火齐烤。

2 烤好后立刻取出，倒扣冷却，彻底冷却后脱模即可，详细操作参见第 19 页。

诱人咖啡香
咖啡戚风

零失败必看

① 咖啡粉可用其他粉等量替
换，如抹茶粉、可可粉等，
做出更多的口味。

② 我用的咖啡粉是摩卡炭烧
咖啡。

中空模		15 cm	17 cm	18 cm
蛋白霜	蛋白	80 g（约 2 个蛋白）	120 g（约 3 个蛋白）	200 g（约 5 个蛋白）
	细砂糖	40 g	50 g	60 g
	柠檬汁	几滴	几滴	几滴
蛋黄糊	蛋黄	40 g（约 2 个蛋黄）	60 g（约 3 个蛋黄）	100 g（约 5 个蛋黄）
	细砂糖	10 g	15 g	20 g
	咖啡粉	7 g	10 g	15 g
	咖啡力娇酒	7 g	10 g	15 g
	色拉油	25 g	40 g	50 g
	牛奶	25 g	40 g	50 g
	低筋面粉	33 g	55 g	70 g
烘焙	温度	170 ℃	175 ℃	175 ℃
	时间	35 分钟	35 分钟	40 分钟

一、准备蛋黄糊

1 将蛋白和蛋黄分离在两个干净无水无油的盆中，蛋白中不可混入蛋黄。

2 在蛋黄盆中加入 20g 细砂糖，加入色拉油、牛奶、咖啡力娇酒，低速打至完全混合均匀。

3 筛入咖啡粉和低筋面粉，先用打蛋头手动搅拌几下，然后开低速打至完全混合均匀。

二、打发蛋白霜

1 在蛋白盆中滴入几滴柠檬汁，中低速打至粗泡状态，加入 20g 细砂糖。

2 中速打至蛋白霜呈细腻泡沫状态，加入 20g 细砂糖。

3 高速打至蛋白霜湿性发泡，加入剩余的 20g 细砂糖。

4 高速将蛋白霜打至硬性发泡，即从蛋白霜中拉出打蛋头，可见直立不弯曲的尖角。

三、将面糊混合

1 取 1/3 蛋白霜加入蛋黄糊盆里，用刮刀快速翻拌均匀。

2 再取 1/3 蛋白霜加入蛋黄糊盆里，继续用刮刀快速翻拌均匀。

3 将蛋黄糊盆里的面糊全部倒入蛋白霜盆中，快速翻拌均匀至细腻的面糊。

4 将混合好的蛋糕面糊倒进干净的 18cm 中空戚风模中。

5 用双手大拇指按住中间"烟囱"，提起模具在桌面上轻磕几下，震去面糊中的气泡。

四、烘焙，脱模

1 将蛋糕模送入预热好的烤箱，放中下层，175℃，40 分钟，上下火齐烤。

2 烤好后立刻取出，倒扣冷却，彻底冷却后脱模即可，详细操作参见第 19 页。

加点儿营养蔬菜
胡萝卜戚风

中空模		15 cm	17 cm	18 cm
蛋白霜	蛋白	80 g（约 2 个蛋白）	120 g（约 3 个蛋白）	200 g（约 5 个蛋白）
	细砂糖	40 g	50 g	60 g
	柠檬汁	几滴	几滴	几滴
蛋黄糊	蛋黄	20 g（约 1 个蛋黄）	40 g（约 2 个蛋黄）	80 g（约 4 个蛋黄）
	细砂糖	10 g	15 g	20 g
	胡萝卜渣	25 g	40 g	50 g
	色拉油	30 g	40 g	50 g
	胡萝卜汁	30 g	50 g	50 g
	低筋面粉	40 g	60 g	80 g
烘焙	温度	170 ℃	175 ℃	175 ℃
	时间	35 分钟	35 分钟	40 分钟

零失败必看

1. 蔬菜可以加熟的，也可以加生的，这里加入的是生的。也可以用其他的蔬菜代替，比如紫甘蓝、菠菜、南瓜等，可以产生很多口味和色彩效果。

2. 我这里使用原汁机分离了胡萝卜汁和渣，在面糊制作过程中，先加汁彻底搅拌均匀，再加入渣彻底搅拌均匀，使蛋糕组织更轻盈、更细腻。

3. 如果没有原汁机或榨汁机，可以使用搅拌机，将 60g 胡萝卜切小块装入搅拌机，加入 40g 清水，搅拌成胡萝卜浆。制作蛋糕时，在加胡萝卜汁的时候直接加入胡萝卜浆即可。

一、准备蛋黄糊

1　胡萝卜用料理机分离成汁和渣。

2　将蛋白、蛋黄分离在两个盆中，在蛋黄中加入 20g 细砂糖，充分搅拌均匀，至蛋黄颜色变浅、体积略膨胀。

3　在蛋黄中缓缓加入色拉油，边加边搅拌，直至充分混合均匀。

4　继续缓缓加入胡萝卜汁，边加边搅拌，直至充分混合均匀。

5　加入过筛的低筋面粉，搅拌均匀。最后拌入胡萝卜渣，搅拌均匀。

二、打发蛋白霜

1　在蛋白盆中滴入几滴柠檬汁，中低速打至粗泡状态，加入 20g 细砂糖。

2　中速打至蛋白霜呈细腻泡沫状态，加入 20g 细砂糖。

3　高速打至蛋白霜湿性发泡，加入剩余的 20g 细砂糖。

4　高速将蛋白霜打至硬性发泡，即从蛋白霜中拉出打蛋头，可见直立不弯曲的尖角。

三、将面糊混合

1　取 1/3 蛋白霜加入蛋黄糊盆里，快速翻拌均匀。再取 1/3 蛋白霜加入蛋黄糊盆里，快速翻拌均匀。

2　将蛋黄糊盆里的面糊全部倒入蛋白霜盆中，快速翻拌均匀至细腻的面糊。

3　将混合好的蛋糕面糊倒进干净的 18cm 中空戚风模中。

4　用双手大拇指按住中间"烟囱"，提起模具在桌面上轻磕几下，震去面糊中的气泡。

四、烘焙，脱模

1　送入预热好的烤箱，放中下层，175℃，40 分钟，上下火齐烤。

2　烤好后立刻取出，倒扣冷却，彻底冷却后脱模，方法详见第19页。

戚风穿花衣
胡萝卜花戚风

零失败必看

1. 选择粗一点的胡萝卜，用刀刻的时候周转的空间可以大一点。

2. 可以用做饼干的花朵形状的切模来做胡萝卜花，选择直径3cm左右的切模，这样就不需要用刀切了，可以网上搜"饼干切模"。

中空模		15 cm	17 cm	18 cm
蛋白霜	蛋白	80 g（约2个蛋白）	120 g（约3个蛋白）	190 g（约5个蛋白）
	细砂糖	40 g	50 g	60 g
	柠檬汁	几滴	几滴	几滴
蛋黄糊	蛋黄	40 g（约2个蛋黄）	60 g（约3个蛋黄）	90 g（约5个蛋黄）
	细砂糖	10 g	15 g	20 g
	色拉油	30 g	40 g	50 g
	牛奶	30 g	50 g	50 g
	低筋面粉	40 g	65 g	85 g
其他材料	胡萝卜花	几片	几片	几片
烘焙	温度	170 ℃	175 ℃	175 ℃
	时间	35 分钟	35 分钟	40 分钟

一、准备好蛋黄糊

1 将蛋白和蛋黄分离在两个干净无水无油的盆中，蛋白中不可混入蛋黄。

2 在蛋黄盆中加入 20g 细砂糖，加入色拉油、牛奶，低速打至完全混合均匀。

3 筛入低筋面粉，先用打蛋头手动搅拌几下，然后开低速打至完全混合均匀。

二、打发蛋白霜

1 在蛋白盆中滴入几滴柠檬汁，中低速打至粗泡状态，加入 20g 细砂糖。

2 中速打至蛋白霜呈细腻泡沫状态，加入 20g 细砂糖。

3 高速打至蛋白霜湿性发泡，加入剩余的 20g 细砂糖。

4 高速将蛋白霜打至硬性发泡，即从蛋白霜中拉出打蛋头，可见直立不弯曲的尖角。

三、将面糊混合

1 取 1/3 蛋白霜加入蛋黄糊盆里，快速翻拌均匀。再取 1/3 蛋白霜加入蛋黄糊盆里，快速翻拌均匀。

2 将蛋黄糊盆里的面糊全部倒入蛋白霜盆中，快速翻拌至细腻的面糊。

3 在模具底上铺一圈胡萝卜花，倒入混合好的蛋糕面糊。

4 用双手大拇指按住中间"烟囱"，提起模具在桌面上轻磕几下，震去面糊中的气泡。

四、烘焙，脱模

1 将蛋糕模送入预热好的烤箱，放中下层，175℃，40 分钟，上下火齐烤。

2 烤好后立刻取出，倒扣冷却，彻底冷却后脱模即可，详细操作方法参见第 19 页。

芝麻喷喷香

黑芝麻戚风

中空模		15 cm	17 cm	18 cm
蛋白霜	蛋白	80 g（约2个蛋白）	120 g（约3个蛋白）	190 g（约5个蛋白）
	细砂糖	40 g	50 g	60 g
	柠檬汁	几滴	几滴	几滴
蛋黄糊	蛋黄	40 g（约2个蛋黄）	60 g（约3个蛋黄）	90 g（约5个蛋黄）
	细砂糖	10 g	15 g	20 g
	色拉油	20 g	30 g	40 g
	牛奶	40 g	55 g	60 g
	低筋面粉	30 g	45 g	55 g
	黑芝麻粉	15 g	20 g	30 g
烘焙	温度	170 ℃	175 ℃	175 ℃
	时间	35 分钟	35 分钟	40 分钟

一、准备好蛋黄糊

1 将蛋白和蛋黄分离在两个干净无水无油的盆中。

2 在蛋黄盆中加入 20g 细砂糖，加入色拉油、牛奶，低速打至完全混合均匀。

3 加入用粗孔筛筛过的芝麻粉，再加入用细孔筛筛过的面粉，先用打蛋头手动搅拌几下，然后开低速打至完全混合均匀。

二、打发蛋白霜

1 在蛋白盆中滴入几滴柠檬汁，中低速打至粗泡状态，加入 20g 细砂糖。

2 中速打至蛋白霜呈细腻泡沫状态，加入 20g 细砂糖。

3 高速打至蛋白霜湿性发泡，加入剩余的 20g 细砂糖。

4 高速将蛋白霜打至硬性发泡，即从蛋白霜中拉出打蛋头，可见直立不弯曲的尖角。

三、将面糊混合

1 取 1/3 蛋白霜加入蛋黄糊中，快速翻拌均匀。再取 1/3 蛋白霜加入蛋黄糊中，快速翻拌均匀。

2 将蛋黄糊盆里的面糊全部倒入蛋白霜盆中，快速翻拌均匀至细腻的面糊。

3 将混合好的蛋糕面糊倒进干净的 18cm 中空戚风模中。

4 用双手大拇指按住中间"烟囱"，提起模具在桌面上轻磕几下，震去面糊中的气泡。

四、烘焙，脱模

1 将蛋糕模送入预热好的烤箱，放中下层，175℃，40 分钟，上下火齐烤。

2 烤好后立刻取出，倒扣冷却，彻底冷却后脱模即可，详细操作参见第 19 页。

双色戚风

给蛋糕美丽的花纹

中空模		15 cm	17 cm	18 cm
蛋白霜	蛋白	80 g（约 2 个蛋白）	120 g（约 3 个蛋白）	190 g（约 5 个蛋白）
	细砂糖	40 g	50 g	60 g
	柠檬汁	几滴	几滴	几滴
蛋黄糊	蛋黄	40 g（约 2 个蛋黄）	60 g（约 3 个蛋黄）	90 g（约 5 个蛋黄）
	细砂糖	10 g	15 g	20 g
	色拉油	30 g	40 g	50 g
	牛奶	30 g	50 g	50 g
	低筋面粉	35 g	60 g	80 g
	可可粉	5 g	5 g	10 g
烘焙	温度	170 ℃	175 ℃	175 ℃
	时间	35 分钟	35 分钟	40 分钟

一、准备好蛋黄糊

1 将蛋白和蛋黄分离在两个干净无水无油的盆中，蛋白中不可混入蛋黄。
2 在蛋黄中加入 20g 细砂糖，打至蛋黄颜色变浅，边加色拉油边搅拌均匀，边加牛奶边搅拌均匀。
3 将蛋黄糊平分在两个大碗中。
4 一个碗中筛入 45g 白色低筋面粉，搅拌均匀至无颗粒状。
5 另一个碗中筛入剩下的低筋面粉和可可粉，搅拌均匀至无颗粒状。

二、打发蛋白霜

1 在蛋白盆中滴入几滴柠檬汁，中低速打至粗泡状态，加入 20g 细砂糖。
2 中速打至蛋白霜呈细腻泡沫状态，加入 20g 细砂糖。
3 高速打至蛋白霜湿性发泡，加入剩余的 20g 细砂糖。
4 高速将蛋白霜打至硬性发泡，即从蛋白霜中拉出打蛋头，可见直立不弯曲的尖角。

三、将面糊混合

1 将蛋白霜平均分成两份，分别与两份蛋黄糊快速混合。
2 将可可色的蛋糕糊倒进黄色的蛋糕糊中，用刮刀搅拌两下，然后将面糊快速倒入 18cm 戚风模中。
3 用双手大拇指按住中间"烟囱"，提起模具在桌面上轻磕几下，震去面糊中的气泡。

四、烘焙，脱模

1 将蛋糕模送入预热好的烤箱，放中下层，175℃，40 分钟，上下火齐烤。
2 烤好后立刻取出，倒扣冷却，彻底冷却后脱模即可，详细操作参见第 19 页。

蓝莓戚风

酸甜好滋味

中空模		15 cm	17 cm	18 cm
蛋白霜	蛋白	80 g（约 2 个蛋白）	120 g（约 3 个蛋白）	180 g（约 5 个蛋白）
	细砂糖	20 g	30 g	35 g
	柠檬汁	几滴	几滴	几滴
蛋黄糊	蛋黄	40 g（约 2 个蛋黄）	60 g（约 3 个蛋黄）	90 g（约 5 个蛋黄）
	细砂糖	5 g	10 g	15 g
	色拉油	30 g	40 g	50 g
	牛奶	35 g	55 g	60 g
	低筋面粉	30 g	60 g	80 g
	蓝莓酱	25 g	35 g	50 g
烘焙	温度	170 ℃	175 ℃	175 ℃
	时间	35 分钟	35 分钟	40 分钟

一、准备好蛋黄糊

1　在蛋黄盆中加入 15g 细砂糖，搅拌至蛋黄颜色变浅变蓬。
2　依次加入色拉油、牛奶，搅拌至完全混合均匀。
3　筛入低筋面粉，搅拌至完全混合均匀，加入蓝莓酱搅拌均匀。

二、打发蛋白霜

1　在蛋白盆中滴入几滴柠檬汁，中低速打至粗泡状态，加入 15g 细砂糖。
2　中速打至蛋白霜呈细腻泡沫状态，加入 10g 细砂糖。
3　高速打至蛋白霜湿性发泡，加入剩余的 10g 细砂糖。
4　高速将蛋白霜打至硬性发泡，即从蛋白霜中拉出打蛋头，可见直立不弯曲的尖角。

三、将面糊混合

1　取 1/3 蛋白霜加入蛋黄糊盆里，用刮刀快速翻拌均匀。
2　再取 1/3 蛋白霜加入蛋黄糊盆里，继续用刮刀快速翻拌均匀。
3　将蛋黄糊盆里的面糊全部倒入蛋白霜盆中，快速翻拌均匀至细腻的面糊。
4　将混合好的蛋糕面糊倒进干净的 18cm 中空戚风模中，倒七分满。
5　用双手大拇指按住中间"烟囱"，提起模具在桌面上轻磕几下，震去面糊中的气泡，撒上几颗蓝莓装饰。

四、烘焙，脱模

1　将蛋糕模送入预热好的烤箱，175℃，40 分钟，放中下层，上下火齐烤。
2　烤好后立刻取出，倒扣冷却，彻底冷却后脱模即可，详细操作参见第 19 页。

坚果戚风　营养倍增

中空模		15 cm	17 cm	18 cm
蛋白霜	蛋白	80 g（约 2 个蛋白）	120 g（约 3 个蛋白）	190 g（约 5 个蛋白）
	细砂糖	40 g	50 g	60 g
	柠檬汁	几滴	几滴	几滴
蛋黄糊	蛋黄	40 g（约 2 个蛋黄）	60 g（约 3 个蛋黄）	90 g（约 5 个蛋黄）
	细砂糖	10 g	15 g	20 g
	色拉油	30 g	40 g	50 g
	牛奶	30 g	50 g	50 g
	低筋面粉	40 g	65 g	85 g
	开心果 + 核桃仁	35 g	50 g	70 g
烘焙	温度	170 ℃	175 ℃	175 ℃
	时间	35 分钟	35 分钟	40 分钟

一、准备蛋黄糊

1 将开心果和核桃仁切成很小的碎末。

2 将蛋白和蛋黄分离在两个干净无水无油的盆中。

3 在蛋黄中加入 20g 细砂糖，用打蛋器充分打匀，打至蛋黄颜色变浅。

4 缓缓加入色拉油，边加边搅拌，彻底搅拌均匀。缓缓加入牛奶，边加边搅拌，彻底搅拌均匀。

5 筛入低筋面粉，彻底搅拌均匀。

6 加入坚果碎，搅拌均匀。

二、打发蛋白霜

1 在蛋白盆中滴入几滴柠檬汁，中低速打至粗泡状态，加入 20g 细砂糖。

2 中速打至蛋白霜呈细腻泡沫状态，加入 20g 细砂糖。

3 高速打至蛋白霜湿性发泡，加入剩余的 20g 细砂糖。

4 高速将蛋白霜打至硬性发泡，即从蛋白霜中拉出打蛋头，可见直立不弯曲的尖角。

三、将面糊混合

1 取 1/3 蛋白霜加入蛋黄糊中，快速翻拌均匀。再取 1/3 蛋白霜加入蛋黄糊中，快速翻拌均匀。

2 将蛋黄糊倒入剩下 1/3 蛋白霜的盆中，快速翻拌均匀。

3 将面糊快速翻拌均匀，倒入 18cm 中空模具中。

4 用双手大拇指按住中间"烟囱"，提起模具在桌面上轻磕几下，震去面糊中的气泡。

四、烘焙，脱模

1 送入预热好的烤箱，放中下层，175℃，40 分钟，上下火齐烤。

2 烤好后立刻取出，倒扣冷却，彻底冷却后脱模，详细操作参见第 19 页。

乳酪口感的戚风
乳酪戚风

中空模		15 cm	17 cm	18 cm
蛋白霜	蛋白	80 g	120 g	190 g
	细砂糖	40 g	50 g	60 g
	柠檬汁	几滴	几滴	几滴
蛋黄糊	蛋黄	20 g	30 g	45 g
	细砂糖	10 g	15 g	20 g
	黄油	30 g	40 g	50 g
	牛奶	30 g	50 g	50 g
	低筋面粉	30 g	55 g	75 g
	奶油奶酪	35g	50 g	80 g
烘焙	温度	170 ℃	175 ℃	175 ℃
	时间	35 分钟	35 分钟	40 分钟

零失败必看♥

1. 一定要选择新鲜的鸡蛋制作，应选择普通鸡蛋而非本鸡蛋，因为加了大量的奶酪，所以蛋黄部分要适当减少。

2. 若是先做蛋黄糊再准备打蛋白的话，可以在蛋黄糊盆上盖一块湿布，防止表面干结。

一、准备蛋黄奶酪糊

1 将牛奶、黄油、奶酪放在盆中，隔水加热至黄油融化、奶酪软化，用蛋抽搅打至细腻状态。

2 将奶酪盆从锅中取出，加入蛋黄，加入 20g 细砂糖，搅拌至非常细腻的均匀状态。

3 筛入低筋面粉，搅拌至无细小颗粒。

4 盖上一块湿布，防止表面干结。

二、打发蛋白霜

1 在蛋白盆中滴入几滴柠檬汁，中低速打至粗泡状态，加入 20g 细砂糖。

2 中速打至蛋白霜呈细腻泡沫状态，加入 20g 细砂糖。

3 高速打至蛋白霜湿性发泡，加入剩余的 20g 细砂糖。

4 高速将蛋白霜打至硬性发泡，即从蛋白霜中拉出打蛋头，可见直立不弯曲的尖角。

三、将面糊混合

1 取 1/3 蛋白霜加入蛋黄奶酪糊中，翻拌均匀。

2 再取 1/3 蛋白霜加入蛋黄奶酪糊中，翻拌均匀。

3 再全部倒入蛋白霜盆中，翻拌成细腻面糊。

4 将混合好的蛋糕面糊倒进干净的 18cm 中空模具（不要抹油，不要有水）。

四、烘焙，脱模

1 将蛋糕模在桌面上轻磕几下，送进预热好的烤箱，放中下层，上下火齐烤，175℃，40 分钟。

2 烤到约 30 分钟时，会发现蛋糕表面开始爆裂开花，这是用这种模具、这个温度所产生的特有的现象，开花的才是完美的，不要去追求不裂的效果。

3 烤好后立刻取出，倒扣在烤架上冷却，彻底冷却后借助脱模刀脱模即可，详细操作参见第 19 页。

香醇浓郁

香草戚风

中空模		15 cm	17 cm	18 cm
蛋白霜	蛋白	80 g（约 2 个蛋白）	120 g（约 3 个蛋白）	200 g（约 5 个蛋白）
	细砂糖	40 g	50 g	60 g
	柠檬汁	几滴	几滴	几滴
蛋黄糊	蛋黄	40 g（约 2 个蛋黄）	60 g（约 3 个蛋黄）	100 g（约 5 个蛋黄）
	细砂糖	10 g	15 g	20 g
	色拉油	30 g	40 g	50 g
	牛奶	30 g	50 g	50 g
	低筋面粉	40 g	65 g	85 g
	香草荚	1/3 个	1/2 个	1 个
烘焙	温度	175 ℃	175 ℃	175 ℃
	时间	30 分钟	35 分钟	40 分钟

一、准备蛋黄糊

1 剖开香草荚，刮下籽，和牛奶一起煮开，晾凉备用。

2 将蛋白和蛋黄分离在两个干净无水无油的盆中，蛋白中不可混入蛋黄。

3 在蛋黄盆中加入 20g 细砂糖，加入色拉油、香草牛奶，搅拌混合均匀（持续搅拌 2 分钟）。

4 筛入低筋面粉，搅拌至完全混合均匀。

二、打发蛋白霜

1 在蛋白盆中滴入几滴柠檬汁，中低速打至粗泡状态，加入 20g 细砂糖。

2 中速打至蛋白霜呈细腻泡沫状态，加入 20g 细砂糖。

3 高速打至蛋白霜湿性发泡，加入剩余的 20g 细砂糖。

4 高速将蛋白霜打至硬性发泡，即从蛋白霜中拉出打蛋头，可见直立不弯曲的尖角。

三、将面糊混合

1 取 1/3 蛋白霜加入蛋黄糊中，用刮刀快速翻拌均匀。

2 再取 1/3 蛋白霜加入蛋黄糊中，继续用刮刀快速翻拌均匀。

3 将蛋黄糊盆里的面糊全部倒入蛋白霜盆中，快速翻拌至均匀、细腻的面糊。

4 将混合好的蛋糕面糊倒进干净的 18cm 中空戚风模中。

5 用双手大拇指按住中间"烟囱"，提起模具在桌面上轻磕几下，震去面糊中的气泡。

四、烘焙，脱模

1 将蛋糕模送入预热好的烤箱，放中下层，175℃，40 分钟，上下火齐烤。

2 烤好后立刻取出，倒扣冷却，彻底冷却后脱模即可，详细操作参见第 19 页。

五谷杂粮戚风

加点粗粮

中空模		15 cm	17 cm	18 cm
蛋白霜	蛋白	80 g（约 2 个蛋白）	120 g（约 3 个蛋白）	200 g（约 5 个蛋白）
	细砂糖	40 g	50 g	60 g
	柠檬汁	几滴	几滴	几滴
蛋黄糊	蛋黄	40 g（约 2 个蛋黄）	60 g（约 3 个蛋黄）	100 g（约 5 个蛋黄）
	细砂糖	10 g	15 g	20 g
	色拉油	30 g	40 g	50 g
	牛奶	30 g	50 g	50 g
	低筋面粉	20 g	25 g	35 g
	五谷杂粮粉	20 g	40 g	50 g
烘焙	温度	175 ℃	175 ℃	175 ℃
	时间	30 分钟	35 分钟	40 分钟

一、准备蛋黄糊

1 将蛋白、蛋黄分离在两个干净无水无油的盆中。

2 在蛋黄中加入 20g 细砂糖，中速搅打成颜色发浅的细腻蛋液，使糖和蛋液充分融合。

3 将打蛋器开至最慢挡，沿盆边缓缓加入色拉油，边加边低速搅拌至彻底均匀。

4 沿盆边缓缓加入牛奶，边加边低速搅拌至彻底均匀。

5 筛入低筋面粉和五谷粉（五谷粉颗粒较粗，用大缝隙过筛网，或者不过筛，用手将大颗粒捏碎即可）。

6 打蛋器先不开动，用打蛋器手动搅拌面糊至基本混合，再开至最慢挡，低速搅拌约半分钟，至面糊均匀无颗粒。

二、打发蛋白霜

1 在蛋白盆中滴入几滴柠檬汁，中低速打至粗泡状态，加入 20g 细砂糖。

2 中速打至蛋白霜呈细腻泡沫状态，加入 20g 细砂糖。

3 高速打至蛋白霜湿性发泡，加入剩余的 20g 细砂糖。

4 高速将蛋白霜打至硬性发泡，即从蛋白霜中拉出打蛋头，可见直立不弯曲的尖角。

三、将面糊混合

1 取 1/3 蛋白霜加入蛋黄糊，用刮刀快速翻拌均匀。再取 1/3 蛋白霜加入蛋黄糊，继续用刮刀快速翻拌均匀。

2 将蛋黄糊盆里的面糊全部倒入蛋白霜盆中，快速翻拌均匀至细腻的面糊。

3 将混合好的蛋糕面糊倒进干净的 18cm 中空戚风模中。用双手大拇指按住中间"烟囱"，提起模具在桌面上轻磕几下，震去面糊中的气泡。

四、烘焙，脱模

1 将蛋糕模送入预热好的烤箱，放中下层，175℃，40 分钟，上下火齐烤。

2 烤好后立刻取出，倒扣冷却，彻底冷却后脱模即可，详细操作参见第 19 页。

巧克力谁不爱

巧克力戚风

中空模		15 cm	17 cm	18 cm
蛋白霜	蛋白	80 g（约2个蛋白）	120 g（约3个蛋白）	200 g（约5个蛋白）
	细砂糖	40 g	50 g	60 g
	柠檬汁	几滴	几滴	几滴
蛋黄糊	蛋黄	40 g（约2个蛋黄）	60 g（约3个蛋黄）	100 g（约5个蛋黄）
	细砂糖	10 g	15 g	20 g
	色拉油	10 g	15 g	20 g
	牛奶	20 g	20 g	25 g
	低筋面粉	40 g	65 g	85 g
	巧克力浆	30 g	60 g	80 g
烘焙	温度	175 ℃	175 ℃	175 ℃
	时间	30 分钟	35 分钟	40 分钟

一、制作蛋黄糊

1　将蛋白、蛋黄分离在两个干净无水无油的盆中。

2　在蛋黄中加入 20g 细砂糖，中速搅打成颜色发浅的细腻蛋液，使糖和蛋液充分融合。

3　将打蛋器开至最慢挡，沿盆边缓缓加入色拉油和牛奶，边加边低速搅拌至彻底均匀。

4　沿盆边缓缓加入巧克力浆，边加边低速搅拌至彻底均匀。

5　筛入低筋面粉后，打蛋器先不开动，手持打蛋器手动搅拌面糊至基本混合，再开至最慢挡，
　　低速搅拌半分钟左右，至面糊均匀无颗粒。

二、打发蛋白霜

1　在蛋白盆中滴入几滴柠檬汁，中低速打至粗泡状态，加入 20g 细砂糖。

2　中速打至蛋白霜呈细腻泡沫状态，加入 20g 细砂糖。

3　高速打至蛋白霜湿性发泡，加入剩余的 20g 细砂糖。

4　高速打至硬性发泡，即从蛋白霜中拉出打蛋头，可见直立不弯曲的尖角。

三、将面糊混合

1　取 1/3 蛋白霜加入蛋黄糊，快速翻拌均匀。再取 1/3 蛋白霜加入蛋黄糊，继续快速翻拌均匀。

2　将蛋黄糊盆里的面糊全部倒入蛋白霜盆中，快速翻拌均匀至细腻的面糊。

3　将混合好的蛋糕面糊倒进干净的 18cm 中空戚风模中。

4　用双手大拇指按住中间"烟囱"，提起模具在桌面上轻磕几下，震去面糊中的气泡。

四、烘焙，脱模

1　将蛋糕模送入预热好的烤箱，放中下层，175℃，40 分钟，上下火齐烤。

2　烤好后立刻取出，倒扣冷却，彻底冷却后脱模即可，详细操作参见第 19 页。

酸奶好营养

酸奶戚风

中空模		15 cm	17 cm	18 cm
蛋白霜	蛋白	80 g（约2个蛋白）	120 g（约3个蛋白）	200 g（约5个蛋白）
	细砂糖	40 g	40 g	60 g
	柠檬汁	几滴	几滴	几滴
蛋黄糊	蛋黄	20 g（约1个蛋黄）	40 g（约2个蛋黄）	60 g（约3个蛋黄）
	细砂糖	10 g	15 g	20 g
	色拉油	25 g	35 g	50 g
	酸奶	50 g	70 g	100 g
	低筋面粉	40 g	65 g	85 g
烘焙	温度	170 ℃	175 ℃	175 ℃
	时间	30 分钟	35 分钟	40 分钟

一、准备蛋黄糊

1 将蛋白、蛋黄分离在两个干净无水无油的盆中。

2 另取一干净的盆，加入色拉油、酸奶、20g 细砂糖，充分彻底地搅拌均匀。

3 加入过筛的低筋面粉，搅拌均匀。

4 分 3 次加入 3 个蛋黄，依次搅拌均匀。

二、打发蛋白霜

1 在蛋白盆中滴入几滴柠檬汁，中低速打至粗泡状态，加入 20g 细砂糖。

2 中速打至蛋白霜呈细腻泡沫状态，加入 20g 细砂糖。

3 高速打至蛋白霜湿性发泡，加入剩余的 20g 细砂糖。

4 高速将蛋白霜打至硬性发泡，即从蛋白霜中拉出打蛋头，可见直立不弯曲的尖角。

三、将面糊混合

1 取 1/3 蛋白霜加入蛋黄糊中，用刮刀快速翻拌均匀。

2 再取 1/3 蛋白霜加入蛋黄糊中，继续用刮刀快速翻拌均匀。

3 将蛋黄糊盆里的面糊全部倒入蛋白霜盆中，快速翻拌均匀至细腻的面糊。

4 将混合好的蛋糕面糊倒进干净的 18cm 中空戚风模中。

5 用双手大拇指按住中间"烟囱"，提起模具在桌面上轻磕几下，震去面糊中的气泡。

四、烘焙，脱模

1 将蛋糕模送入预热好的烤箱，放中下层，175℃，40 分钟，上下火齐烤。

2 烤好后立刻取出，倒扣冷却，彻底冷却后脱模即可，详细操作参见第 19 页。

甜甜又蜜蜜
南瓜红枣戚风

材料： 蒸熟南瓜（压成泥）135g，红枣碎30g，低筋面粉100g，色拉油
50g，蛋5个（蛋黄80g、蛋白180g），细砂糖80g（20g放蛋黄中，
60g放蛋白中）
模具： 5cm见方纸杯模12个
烘焙： 180℃，25分钟
　　这个方子除了可以用纸杯烘烤之外，还可用18cm中空模具和8寸普
通圆底模具烘烤，但使用这两种模具时，烘烤的温度是175℃，烤40分钟。

一、准备蛋黄糊

1 将蛋白和蛋黄分离在两个干净无水无油的盆中，蛋白中不可混入蛋黄。

2 在蛋黄中加入 20g 细砂糖彻底搅拌均匀，然后加入色拉油，彻底搅拌均匀。

3 加入南瓜泥搅拌均匀，再筛入低筋面粉，搅拌均匀，放置一边。

二、打发蛋白霜

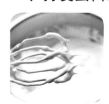

1 蛋白用电动打蛋器打至粗泡状态，加入 20g 细砂糖。

2 打至细腻的泡沫，再加入 20g 细砂糖。

3 继续打至起纹路状态，加入剩余的 20g 细砂糖，继续打至干性发泡（打蛋头从蛋白霜中拉起，有直立不倒的尖角）。

三、将蛋白霜、蛋黄糊混合

1 取 1/3 蛋白霜加入蛋黄糊中，用刮刀翻拌均匀（要上下翻动，不要转圈）。

2 将蛋黄糊盆里的全部面糊倒入蛋白霜盆中，翻拌均匀至细腻的面糊。

3 加入红枣碎混合均匀。

4 将混合好的蛋糕面糊倒进纸杯模具中，每个装八分满。

四、烘焙

1 将所有纸杯在桌面上轻磕几下，放在烤盘中，送进预热好的烤箱。

2 放进中下层烘焙，上下火齐烤，180℃，25 分钟。

3 烤好后立即取出，倒扣晾凉。

4 吃的时候，可以在上面挤点淡奶油、加点水果装饰。

解腻增香
蔓越莓戚风

材料：普通鸡蛋 5 个（每个蛋为 60 ～ 65g，蛋
黄约 20g，蛋白约 40g），细砂糖 85g（25g
放蛋黄中，60g 放蛋白中），低筋面粉
85g，牛奶 50g，色拉油 50g，蔓越莓干
50g，柠檬汁几滴

模具：18cm 中空模

烘焙：170℃，45 分钟

一、准备好蛋黄糊

1 将蛋白、蛋黄分离到两个干净无水的大碗中，在蛋黄中加入 25g 细砂糖，搅打均匀（打至颜色变浅）。

2 加入色拉油搅拌均匀，再加入牛奶搅拌均匀，最后加入过筛后的低筋面粉，搅拌均匀。

二、准备好蔓越莓干，打发蛋白

1 将蔓越莓干切成小丁，撒上 2g 低筋面粉，搅拌均匀备用。

2 在蛋白中滴入几滴柠檬汁，用电动打蛋器低速打至粗泡状态，先加入 20g 细砂糖，打至细腻的泡沫时再加入 20g 细砂糖，打至细腻有纹路时加入最后 20g 细砂糖，转中高速打至蛋白干性发泡（拉起打蛋器的头，可见蛋白霜的尖角直立不弯）。

三、将面糊混合

1 先用刮刀挑两大块蛋白霜到蛋黄糊中，翻拌均匀。然后将蛋黄糊倒进蛋白霜盆中，快速翻拌均匀。

2 加入裹好面粉的蔓越莓干翻拌均匀，将混合好的面糊倒入模具中至七分满。

四、烘焙，脱模

1 将模具在桌面上轻磕几下，使面糊震出气泡，送入预热好的烤箱，放下层，上下火，170℃，45 分钟。

2 烤好后立即取出倒扣，彻底晾凉，脱模。

湿润柔软口感的做法
超柔软戚风

材料：鸡蛋 5 个（每个约 65g），细砂糖 80g（20g 加蛋黄中，60g 加蛋白中），杏仁粉 20g，低筋面粉 65g，牛奶 50g，色拉油 50g，红枣 6 颗，柠檬汁几滴

模具：18cm 中空模

烘焙：170℃，50 分钟

零失败必看 ♥

需要注意的是，这个方子里加入了杏仁粉，如果没有杏仁粉的话，就用等量的低筋面粉代替即可，红枣部分是后期加的，没有的话可以直接省略。

一、准备好蛋黄糊

1 在蛋黄中加入 20g 细砂糖，打至蛋黄颜色变浅，体积略膨大。加入色拉油搅拌均匀，再加入牛奶搅拌均匀。

2 加入过筛的低筋面粉，再加入杏仁粉，搅拌到无面粉颗粒即可。

二、打发蛋白霜

1 在蛋白中滴入几滴柠檬汁，中速搅打，打到粗泡状态，加入 30g 细砂糖。

2 继续打到泡沫看起来很细腻时，加入剩余的 30g 细砂糖。

3 开高速打到湿性发泡。（做柔软戚风只要达到湿性发泡就可以了，如图，即从蛋白霜中拉出打蛋头，可见弯曲的尖角。）

三、将面糊混合

1 红枣去核切成小丁，加入一点低筋面粉，搅拌均匀。

2 取 1/3 蛋白霜加入蛋黄糊中，翻拌均匀，拌得速度要快点。取剩下蛋白霜的 1/2 加入蛋黄糊中，快速翻拌均匀。最后把蛋黄糊倒入剩下的蛋白霜盆中，快速翻拌均匀。

3 加入红枣丁，拌匀。倒入 18cm 中空模具中至八分满。用双手大拇指按中间"烟囱"，提起 15cm 左右高度，在桌面上轻磕几下，震出气泡。

四、烘焙，脱模

1 送入预热好的烤箱，170℃，50 分钟。当蛋糕蓬到最高点又微微回落并能闻到蛋糕的香味就表示烤好了。

2 烤好后立刻取出，并立即倒扣冷却，彻底冷却后脱模，详细操作参见第 19 页。

没有用蛋黄的戚风

天使蛋糕

材料： 蛋白 200g（5 个鸡蛋的蛋白，每个蛋白约 40g），

细砂糖 80g，柠檬汁几滴，低筋面粉 85g

模具： 17cm 中空模

烘焙： 160℃；40 分钟

一、准备蛋白霜

在蛋白中加入柠檬汁，打到粗泡状态，加入 25g 细砂糖。打至纹路细腻，加入 25g 细砂糖。打至出现更细腻的纹路，加剩余的 30g 细砂糖。最后打到干性发泡，即从蛋白霜中拉出打蛋头，可见直立不倒的尖角。

二、将面糊混合

   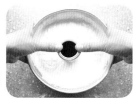

1 在蛋白霜中筛入低筋面粉，快速翻拌混合均匀。
2 将面糊倒入 17cm 中空模具中。
3 先用一根筷子轻轻地搅拌几圈，再震去气泡。

三、烘焙，脱模

1 将模具放入烤箱，160℃，40 分钟。温度和时间仅供参考，待闻到香气，蛋糕颜色金黄，膨起的体积开始略下降就是烤好了。
2 烤好后立刻取出，倒扣冷却，彻底冷却后脱模即可，详细操作参见第 19 页。

中空模		15 cm	17 cm	18 cm
蛋白霜	蛋白	80 g（约2个蛋白）	120 g（约3个蛋白）	200 g（约5个蛋白）
	细砂糖	10 g	15 g	20 g
	柠檬汁	几滴	几滴	几滴
蛋黄糊	蛋黄	40 g（约2个蛋黄）	60 g（约3个蛋黄）	100 g（约5个蛋黄）
	色拉油	30 g	40 g	50 g
	牛奶	30 g	50 g	50 g
	低筋面粉	40 g	65 g	85 g
其他材料	胡萝卜	10 g	15 g	25 g
	鲜香菇	5 g	10 g	15 g
	小葱	3 g	5 g	10 g
	椒盐	3 g	5 g	5 ~ 7g
烘焙	温度	175 ℃	175 ℃	175 ℃
	时间	30 分钟	35 分钟	40 分钟

零失败必看

这个方子面糊会偏多，入模七分满即可，剩余的面糊可以装在2个小纸杯中，放边上烤。

一、准备好材料

将胡萝卜、香菇、小葱切成末备用。

二、准备好蛋黄糊

1 将蛋白和蛋黄分离在两个干净无水无油的盆中，蛋白中不可混入蛋黄。

2 在蛋黄中依次加入色拉油、牛奶，彻底打均匀。

3 加入过筛的低筋面粉，搅拌均匀，最后加入椒盐搅拌均匀，放置一边。

三、准备好蛋白霜

1 在蛋白盆中滴入几滴柠檬汁，中低速打至粗泡状态，加入 10g 细砂糖。

2 中速打至蛋白霜呈细腻泡沫状态，加入 10g 细砂糖。

3 高速将蛋白霜打至硬性发泡，即从蛋白霜中拉出打蛋头，可见直立不弯曲的尖角。

四、将面糊混合

1 先用刮刀挑两大块蛋白霜到蛋黄糊中，翻拌均匀。

2 将蛋黄糊倒进蛋白霜盆中，快速翻拌均匀，加入葱末、香菇末、胡萝卜末，搅拌均匀。

3 将混合好的面糊倒入模具至七分满（装七分满比较好看，多出来的面糊可以装在小纸杯里）。

4 将模具在桌面上轻磕几下，震出面糊中的气泡。

五、烘焙，脱模

1 送入预热好的烤箱，放中下层，175℃，40 分钟，上下火齐烤。

2 烤好后立刻取出，倒扣冷却，彻底冷却后脱模即可，详细操作参见第 19 页。

中空模		15 cm	17 cm	18 cm
蛋白霜	蛋白	80 g（约 2 个蛋白）	120 g（约 3 个蛋白）	200 g（约 5 个蛋白）
	细砂糖	40 g	50 g	60 g
	柠檬汁	几滴	几滴	几滴
蛋黄糊	蛋黄	40 g（约 2 个蛋黄）	60 g（约 3 个蛋黄）	100 g（约 5 个蛋黄）
	细砂糖	10 g	15 g	20 g
	色拉油	10 g	15 g	20 g
	牛奶	20 g	20 g	25 g
	低筋面粉	30 g	50 g	70 g
	法芙娜可可粉	10 g	10 g	15 g
其他	核桃仁	15 g	20 g	30 g
烘焙	温度	175 ℃	175 ℃	175 ℃
	时间	30 分钟	35 分钟	40 分钟

绝对香醇

可可核桃戚风

一、准备好蛋黄糊

1 将蛋白和蛋黄分离在两个干净无水无油的盆中，蛋白中不可混入蛋黄。

2 在蛋黄盆中加入 20g 细砂糖，搅拌均匀，加入色拉油搅拌均匀，加入牛奶搅拌均匀。

3 筛入低筋面粉和可可粉，搅拌至完全混合均匀。

二、准备好蛋白霜

1 在蛋白盆中滴入几滴柠檬汁，中低速打至粗泡状态，加入 20g 细砂糖。

2 中速打至蛋白霜有细腻纹路，加入 20g 细砂糖。

3 高速打至湿性发泡阶段，加入剩余的 20g 细砂糖。

4 最后打至硬性发泡，即从蛋白霜中拉出打蛋头，可见直立不弯曲的尖角。

三、将面糊混合

1 取 1/3 蛋白霜加入蛋黄糊中，用刮刀快速翻拌均匀。

2 再取 1/3 蛋白霜加入蛋黄糊中，继续用刮刀快速翻拌均匀。

3 将蛋黄糊盆里的面糊全部倒入蛋白霜盆中，快速翻拌均匀至细腻的面糊。

4 加入切碎的核桃仁，快速翻拌均匀。

5 将混合好的蛋糕面糊倒进干净的 18cm 中空戚风模中，再在表面撒些核桃仁碎。

6 用双手大拇指按住中间"烟囱"，提起模具在桌面上轻磕几下，震去面糊中的气泡。

四、烘焙，脱模

1 将蛋糕模送入预热好的烤箱，放中下层，175℃，40 分钟，上下火齐烤。

2 烤好后立刻取出，倒扣冷却，彻底冷却后脱模即可，详细操作参见第 19 页。

不加糖，更健康
无糖戚风

材料：鸡蛋 4 个（蛋白每个约 40g，蛋黄每个
　　　约 20g），牛奶 50g，色拉油 40g，低筋
　　　面粉 80g，柠檬汁 10ml

模具：17cm 中空模

烘焙：170℃，40 分钟

一、准备蛋白霜

在蛋白中滴入几滴柠檬汁，用电动打蛋器打至粗泡状态，再打至蛋白干性发泡。

二、准备蛋黄糊

1 在蛋黄中加入色拉油、牛奶，用打蛋器开低速充分搅打均匀。

2 再加入过筛的低筋面粉，搅拌均匀。

三、将面糊混合

1 先用刮刀挑两大块蛋白霜到蛋黄糊中，翻拌均匀。然后将蛋黄糊倒进蛋白霜盆中，快速翻拌均匀。

2 将混合好的面糊倒入模具中，装至七分满。将模具在桌面上轻磕几下，使面糊震出气泡。

四、烘焙，脱模

1 送入预热好的烤箱，放下层，上下火，170℃，40分钟。

2 烤好后立即取出，倒扣至彻底晾凉，脱模即可。

温馨提示

　　蛋糕配方中的糖确实可以减少，但是减少并不等于糖尿病患者就可以放心地吃了。蛋糕中的黄油、面粉、淡奶油都是热量很高的食物，所以，对于无糖蛋糕，我也只建议浅尝即可。糖尿病患者要学会控制自己一天总能量的摄入，对于一些会快速升血糖的食物要了解，尽量避免直接吃糖或者甜食。

有趣的黑煤球
黑戚风

材料：
蛋白 120g，
蛋黄 60g，
牛奶 25g，
色拉油 25g，
低筋面粉 42g，
细砂糖 45g（蛋白中 30g，蛋黄中 15g），
食用竹炭粉 3g，
柠檬汁几滴
模具： 2 个 4 寸活底模具
烘焙： 170℃，35 分钟

一、准备好蛋黄糊

1 将蛋白、蛋黄分离到两个干净无水的大碗中。

2 在蛋黄中加入15g细砂糖，搅打均匀（打至蛋黄颜色变浅），加入色拉油搅拌均匀，再加入牛奶搅拌均匀。

3 将竹炭粉和低筋面粉混合过筛，加入蛋黄糊中搅拌均匀。

二、打发蛋白霜

1 在蛋白中滴入几滴柠檬汁，用电动打蛋器低速打至粗泡状态，加入15g细砂糖。

2 打至蛋白细腻有纹路时加入剩余的15g细砂糖，转中高速打至蛋白干性发泡。（干性发泡为拉起打蛋器的头，盆中蛋白霜的尖角为直立不弯。）

三、将面糊混合

1 先用刮刀挑两大块蛋白霜到蛋黄糊中，翻拌均匀。

2 然后将蛋黄糊倒进蛋白霜盆中，快速翻拌均匀。将混合好的面糊倒入2个4寸活底模具中，八分满即可。

四、烘焙，脱模

1 将模具在桌面上轻磕几下，震出气泡，送入预热好的烤箱，放下层，上下火，170℃，35分钟。

2 烤好立即取出倒扣至彻底晾凉，脱模。

3 脱模后在上面用粗的吸管扎几个洞即可。（我用的是珍珠奶茶的吸管。）

柔软湿润
北海道戚风

香草奶油卡仕达馅材料：牛奶 200g，淡奶油 100g，细砂糖 40g，蛋黄 2 个，玉米淀粉 10g，低筋面粉 10g，香草荚半根

戚风蛋糕材料：蛋白 120g，蛋黄 60g，低筋面粉 35g，细砂糖 45g（蛋白中 30g，蛋黄中 15g），色拉油 25g，牛奶 25g，柠檬汁几滴

模具：方形纸杯模具 9 个

烘焙：180℃，15 分钟

方形纸杯模示范

一、制作香草奶油卡仕达馅

1 奶锅里加入牛奶、20g 细砂糖和香草籽，边搅拌边煮至沸腾，关火。

2 将蛋黄倒入盆里打散，加入剩余的 20g 细砂糖，打至蛋黄发白。

3 加入混合过筛的玉米淀粉和低筋面粉，搅拌成光滑状态。再倒入香草牛奶，搅拌混合。

4 将蛋奶液过筛，倒回奶锅里边搅拌边加热至面糊浓稠而顺滑，关火。

5 继续搅拌一会儿，防止结块，放凉。盖上保鲜膜，放入冰箱冷藏 2 小时左右。

6 将淡奶油打发，与卡仕达馅混合搅拌均匀后即可使用。

二、准备蛋黄糊

1 将蛋白、蛋黄分离到两个干净无水的大碗中。

2 在蛋黄中加入 15g 细砂糖，搅拌均匀（将蛋黄打至颜色变浅）。加入色拉油搅拌均匀，再加入牛奶搅拌均匀。最后加入过筛后的低筋面粉，搅拌均匀。

三、打发蛋白霜

1 在蛋白中滴入几滴柠檬汁，用电动打蛋器低速打至粗泡状态，加入 15g 细砂糖。

2 打至细腻有纹路的时候加入剩余的 15g 细砂糖，转中高速打至蛋白湿性发泡。（湿性发泡时拉起打蛋器的头，盆中蛋白霜的尖角会弯下去。）

四、将面糊混合

1 先用刮刀挑两大块蛋白霜到蛋黄糊中，翻拌均匀，然后将蛋黄糊倒进蛋白霜盆中，快速混合均匀。

2 将面糊装入裱花袋，再挤入方形纸杯模中，加到七分满即可。

3 将模具在桌面上轻磕几下，震出气泡。

五、烘焙

1 送入预热好的烤箱，放中下层，上下火，180℃，15 分钟。

2 烤好后立即取出，倒扣至彻底放凉。

3 用刀斜切一下，挤入香草奶油卡仕达馅，撒上糖粉即可享用啦！

Part 3 / 打扮
一下美美的!

奶油打发
——学做蛋糕装饰之前一定要学会的操作

奶油是蛋糕装饰的常用材料，学会了奶油打发，你就可以尝试很多种蛋糕装饰的方法。下面先简单介绍一下奶油打发的过程！

材料：淡奶油 200g，细砂糖 30g

① 将 200g 淡奶油倒入盆中。

② 加入 30g 细砂糖。

③ 手动打发全程约需 10 分钟，也可以用电动打蛋器。

④ 打至如老酸奶状态时，可以淋在戚风蛋糕上装饰。

⑤ 这种状态的奶油已打至 8 ～ 9 分发啦！

⑥ 此为 10 分全发，奶油纹路清晰不消失。

零失败必看

很多朋友反映奶油容易打成豆腐渣状，这可能是因为速度太快、温度太高了。奶油必须冷藏12小时以上再使用，常温下奶油不容易打发。使用电动打蛋器时建议低速慢打。夏天一定要将打奶油的盆放在冰块上打，以保持低温。

巧用水果做装饰
裸蛋糕

一、准备材料

1 淡奶油 500g，细砂糖 70g，草莓、蓝莓、芒果、猕猴桃、薄荷叶和糖粉适量。

2 将草莓、芒果、猕猴桃切小丁。

3 将戚风蛋糕横切成3层。

二、制作过程

1 将淡奶油倒入盆中，加入细砂糖，打至9分发。

2 准备第一层戚风蛋糕，抹上奶油。

3 装饰上适量水果丁。

4 盖上一层蛋糕，用手掌按压一下。

5 给第二层抹上奶油。

6 装饰上水果丁。

7 盖上第三层蛋糕，按压一下。

8 给第三层抹上奶油。

9 装饰上水果丁。

10 装饰上薄荷叶。

11 撒上一层糖粉。

12 完成。

一、准备材料

1 准备18cm戚风蛋糕1个，酸奶2杯，草莓、坚果仁、薄荷叶、糖粉适量，将薄荷叶、草莓洗净擦干。

2 将草莓切成小块，将坚果仁掰碎。

二、制作过程

1 将酸奶淋在蛋糕上。

2 共淋入2杯酸奶。

3 依次放上草莓、坚果仁。

4 插上薄荷叶。

5 撒上一层糖粉。

6 做好啦！

奶油裱花戚风

一、准备材料

　　准备好蛋糕、淡奶油、
细砂糖、紫薯粉（或食用
色素），中号菊花裱花嘴、
裱花袋。

二、制作过程

1　淡奶油加适量紫薯粉（也可加几滴食用色素）、
　　细砂糖，打发至 10 分发的可裱花状态（具体操
　　作参见第 75 页）。

2　在裱花袋头部剪一个口子，将裱花嘴套进袋子
　　里。新手可将袋子套在一个杯子里，然后将奶
　　油装进去。

3　挤上小花。也可以自由发挥创意，颜色也可以自
　　由搭配。

4　再灌一个白色的奶油裱花袋，挤满小花就好啦！
　　简单吧？

用巧克力装饰
巧克力坚果戚风

一、准备材料

1 15cm 戚风蛋糕 1 个，花生仁一小把，黑巧克力 80g。

2 将花生仁切碎备用。

3 将巧克力切碎备用。

二、制作过程

1 隔热水融化巧克力。

2 将巧克力淋在戚风蛋糕上。

3 再撒上花生碎就做好了。用巧克力做出来的蛋糕是有硬壳的，不喜欢硬壳效果的，可以用巧克力液代替。

一、准备材料

准备 18cm 戚风蛋糕 1 个，淡奶油 1000g，细砂糖、食用色素适量。将奶油加细砂糖打至 9 分发（具体操作参见第 75 页），平均分成 2 份，将其中一份再分成 2 小份，在这 2 小份中加入食用色素，一份加 2 滴，一份加 4 滴。在最大的一份奶油里加 1 ~ 2 滴食用色素。将 3 份奶油全都打至纹路清晰的 10 分发状态（奶油打发具体操作参见第 75 页）。

二、制作过程

1　先用颜色最浅的奶油抹蛋糕表面。

2　在蛋糕表面均匀涂上一层奶油。

3　将 2D 裱花嘴装入裱花袋，灌入颜色最浅的奶油，在裱花袋前端剪出口子。

4　采用 2D 裱花嘴，在蛋糕顶部按顺时针方向挤上花朵。

5　在空隙处挤些小花朵。

6　在蛋糕侧面上端按顺时针方向挤上中度颜色的花朵。

7　在蛋糕最下端挤上颜色最深的花朵。所有的空隙处用剩余奶油挤些小花。

8　装饰上彩珠，完成！

一、准备材料

1 准备8寸方戚风1个，淡奶油500g，细砂糖适量，大玫瑰花3朵，小玫瑰花几枝，绿色小雏菊几朵或薄荷几朵。

2 将所有需要装饰的鲜花用淡盐水清洗一遍，用干抹布压干表面水分。将淡奶油打至全发（具体操作参见第75页），准备好12齿大号裱花嘴。

二、制作过程

1 将蛋糕切成3片，每层中间夹入奶油，抹面至平整。

2 在蛋糕顶上用12齿大号裱花嘴挤上最简单的花纹。在蛋糕侧面贴上大玫瑰花瓣。

3 在蛋糕上面装饰上小玫瑰即可。吃蛋糕时，花朵和花瓣是用来装饰的，就不要吃了。

一步到位的装饰
中通灌奶

1 蛋糕晾至彻底冷却后脱模。

2 淡奶油加细砂糖打至7分发状态（具体操作参见第75页）。

3 将蛋糕放在装蛋糕的盘子或者托盘纸上，中心灌入奶油。

4 蛋糕完成了！这样包装起来送人很得体哦！

给蛋糕做出惊艳的印花
糖霜花戚风

1 选择一片自己喜欢的花型印花片，盖在蛋糕坯上。

2 用筛网均匀地筛上糖粉。

3 移去印花片，美丽的糖粉印花蛋糕就装饰好啦！

4 也可以同时多印几层，形成不同颜色的花纹哦！

用奶油进行简单装饰
半裸奶油戚风

如果对自己的抹面技术不是太有自信，或者嫌麻烦的时候，也可以只用打发的奶油简单点缀一下，蛋糕会显得素雅、可爱。

淋酸奶或奶油装饰
酸奶淋面戚风

这样简单淋一下酸奶或奶油，是不是很像下了一层雪？立马让蛋糕变得清新起来了呢！

抹奶油撒桂花装饰

桂花奶油戚风

如果家里有糖桂花，可以在简单的奶油抹面之后，撒一些糖桂花装饰一下，一款充满秋意的蛋糕立马诞生啦！

撒巧克力屑装饰

巧克力奶油戚风

将蛋糕简单地用打发的奶油夹心、淋面，再用勺子或其他工具刨些巧克力屑撒在上面，是不是很诱人？

撒糖粉装饰

糖粉裸蛋糕

有些深色的戚风蛋糕，出炉后用少许糖粉撒面，原本单调的样子立马会变得灵动起来。

戚风蛋糕的保存及
剩余蛋糕的利用

　　如果暂时不食用，可以将出炉的戚风蛋糕放凉后包装好，放入冰箱冷冻保存。但是要尽快食用，毕竟自己做的戚风蛋糕不含防腐剂。

　　也可以将剩余的戚风蛋糕切成条，放入烤箱烤成蛋糕干，非常酥脆可口，而且保存时间比蛋糕更长。

了 解失败的原因，
不成功，不罢休！

Q1 为什么我做的蛋糕底部会凹陷？

1. 有可能是底火太旺。
2. 面糊入模时，模具底部有水渍。
3. 震模过度，底部混入空气。
4. 蛋黄糊搅拌不够均匀，建议蛋黄糊朝一个方向快速均匀地搅拌 3 分钟左右。

失败原因分析：凹底有可能是蛋黄糊搅拌不够充分，乳化不到位，也有可能是底火太旺。

Q2 为什么我做的蛋糕顶部凹陷了？

1. 可能是未及时倒扣所致。
2. 可能是蛋黄糊搅拌不够充分，未充分乳化。只要蛋黄糊朝一个方向快速均匀地搅拌 3 分钟左右，一般就不会失败了。
3. 蛋白打发不稳定。
4. 没有烤透。

失败原因分析：看起来顶凹了，一般是因为蛋黄糊搅拌不够充分。

Q3 为什么蛋糕体里有大空洞？

1. 震模时可能没有把大气泡震掉，可以用筷子插进面糊里转几圈来消除大气泡。
2. 有很大的空洞的话，说明面糊比例失调，液体偏多，材料在称量时可能称错了。
3. 蛋白霜和蛋黄糊混合不够充分也会导致空洞，要快速并且充分地翻拌均匀，不要留有蛋白霜块。

失败原因分析：面糊翻拌不均匀。

失败原因分析：巨大中空，表示面糊比例失调，或者是蛋黄糊搅拌不够，蛋白霜完全没打发。

Q4 为什么烤出来的蛋糕顶部颜色正常，底部颜色很浅？

① 有可能放错层了，如果用 30L 烤箱烤 18cm 中空戚风，应该放在烤箱的下层。

② 有可能是底火开太低了。有些烤箱是上、下层分开控温的，不要忘记上、下火要开一样大哦。

Q5 为什么戚风蛋糕脱模后会收腰？

① 没有等蛋糕彻底冷却，因热脱模导致。

② 用错了模具，用了不粘模具的话，倒扣时会自动滑落并有收腰现象。

③ 可能蛋白打发不够稳定，也可能配方中面粉含量过低。

失败原因分析：戚风蛋糕脱模后收腰，可能是在模具内壁涂油了，面粉不能很好地着壁。另外，在热的时候脱模也会收腰。

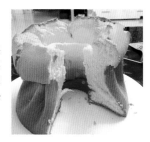

Q6 为什么我做的蛋糕没有发起来，组织很结实？

① 蛋白打发得不到位，或者蛋白完全没打发。

② 蛋白打发得不稳定，消泡了。

③ 蛋白霜与蛋黄糊混合时翻拌手法不对，消泡了。

④ 蛋糕糊做好后没有及时送入烤箱烘焙，放置一段时间后消泡了。

失败原因分析：蛋白没打发，所以组织都没有发起来。温度略高了点，颜色稍微深了点。

Q7 为什么倒扣后蛋糕从模具中自动滑落了？

① 使用了不粘模具。不粘模具不能做出戚风蛋糕蓬松、轻盈、细腻的效果，所以请不要使用不粘模具。

② 材料比例失衡、水分过多时，蛋白霜的动力减弱，面糊变重，倒扣时蛋糕就会掉下来。

Q8 为什么我的蛋白打发不了?

请检查蛋白中是否混入了水滴、油滴或者蛋黄。

失败原因分析:蛋白里混入蛋黄很难打发。

Q9 为什么分蛋时蛋黄总是会碎?

❶ 如果使用不够新鲜的鸡蛋,分蛋时蛋黄很容易碎,所以要选择足够新鲜的鸡蛋哦。

❷ 新手也容易把蛋黄弄破,所以我建议新手使用分蛋器。

Q10 为什么严格按照方子里的时间和温度操作,蛋糕却做失败了?

❶ 没有人可以把条件控制得和我做的时候完全一样,湿度,鸡蛋的新鲜程度、温度及搅拌面糊的手法、速度等都可能发生变化,所以每次看到这样的问题,我挺无奈的。

❷ 做蛋糕是需要慢慢累积经验的,首先要把面糊做得足够稳定,其次必须要摸清楚自己烤箱的脾气。目前市场上30L左右的家用小烤箱大都温度偏高,所以要多烤几次才能知道自己的烤箱应该用什么温度来烤。

Q11 为什么我做的蛋糕总是裂?

每次看到这样的问题,真的很无奈,如果你嫌中空模具烤的蛋糕裂,那你就是还没有入门,如果你嫌普通圆底模烤的蛋糕裂,那你就有不裂强迫症。

中空模具烤戚风是必须裂的,面糊着壁迅速挤压爬升冲出模具高度并开裂,这是很完美的状态。至于普通圆底模具,由于中间没有中空壁可以附着爬伸,所以不太会裂,但是蓬松度远不如中空模具。

Q12 混入葡萄干等配料时周围出现了空洞是什么原因?

① 蛋糕有空洞，其实也没什么。

② 可以将大颗粒切小一点再使用，这样就不会出现空洞了。

Q13 为什么我加入戚风蛋糕中的葡萄干、蔓越莓等老是会沉底?

① 将大颗粒切成小一点的颗粒再用，可以防止沉底。

② 将葡萄干、蔓越莓等裹上一层干粉再使用，就可以有效防止沉底。

失败原因分析：面糊装太满了，建议七分满最合适哦！

失败原因分析：也是面糊装太满，出现飞碟顶啦！

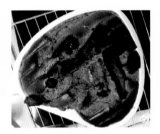

失败原因分析：温度偏高，火力过猛。蛋白可能打发不够，蛋黄糊可能搅拌得不够均匀。

我们因为戚风成为朋友
子瑜妈妈的线下戚风大家庭

coco妈　是不是很像周迅？

janezzz　外地赶过来的，辛苦了！

jinsuya　下沙来的大学生，超热爱烘焙。

lilylouyu　给我留下了很深刻的印象。

running　无锡的学员，来了两次，第二次来给子瑜妈妈当现场助手了。

晨晨妈妈　子瑜妈妈的好朋友。

凡丽 子瑜妈妈幼儿读书会的成员。

盖子 义乌来的学员，柔柔静静的女生。

皓妈 气质美妈。

卢天天 诸暨来的大学生学员，年轻真好，子瑜妈妈好羡慕！

米修米修 童颜妈咪。

松妈 笑容很亲切哦！

糖果 文静而超有潜力的杭州女孩。

燕子 所有学员中，性格最外向的
一位，乐天派！

柚子 城西学员，记得上课当天是立夏，
给我们带来了亲手做的乌米饭。

糖糖妈妈 兼做我们课堂的摄影师。

天真 居然是 3 岁孩子的妈妈了，
你信吗？

充满活力的元气妈妈！ 旭旭妈妈

扫一扫，视频更生动

经典原味戚风制作要点展示
全方位解析，让你举一反三

图书在版编目（CIP）数据

子瑜妈妈的戚风蛋糕 / 子瑜妈妈著. — 杭州：浙江科
学技术出版社，2016.11
ISBN 978-7-5341-7349-3

Ⅰ.①子… Ⅱ.①子… Ⅲ.①蛋糕-制作
Ⅳ.①TS213.23

中国版本图书馆CIP数据核字（2016）第259949号

书　　名	**子瑜妈妈的戚风蛋糕**			
著　　者	子瑜妈妈			

出版发行　**浙江科学技术出版社**
　　　　　杭州市体育场路347号　　邮政编码：310006
　　　　　办公室电话：0571-85176593
　　　　　销售部电话：0571-85062597　0571-85058048
　　　　　网　址：www.zkpress.com
　　　　　E-mail：zkpress@zkpress.com

排　　版　杭州兴邦电子印务有限公司
印　　刷　浙江海虹彩色印务有限公司

开　　本	787×1092　1/16		印　张	6.5
字　　数	150 000			
版　　次	2016年11月第1版		印　次	2016年11月第1次印刷
书　　号	ISBN 978-7-5341-7349-3		定　价	35.00元

责任编辑　王巧玲　仝　林　　　**责任校对**　赵　艳
责任美编　金　晖　　　　　　　**责任印务**　田　文

目 录

轻乳酪蛋糕

材料：鸡蛋3个，低筋面粉20克，玉米淀粉8克，
　　　细砂糖60克，奶油奶酪150克，牛奶75
　　　克，淡奶油75克
模具：6寸不粘活底圆模
烘焙：水浴，140℃，60分钟

零失败必看

　　建议每次吃一小块即可，乳酪蛋糕
含糖量高，不建议血糖高的朋友食用。

一、制作奶酪糊

1 将奶油奶酪、牛奶、淡奶油、20 克细砂糖倒入盆中，将盆放在热水中边加热边搅拌。

2 将奶酪糊搅拌至细腻无颗粒状态，加入 3 个蛋黄，快速搅拌均匀（应一直保持快速搅拌状态，否则蛋黄容易糊底）。

3 筛入低筋面粉和玉米淀粉，一直快速搅拌至有一定浓稠度且表面起纹路（注意，这一步非常重要，一定要搅拌至浓稠）。将盆取出，继续搅拌半分钟左右，盖上一块热毛巾，放置一边备用。

二、打发蛋白霜

1 将蛋白装入无水无油的干净盆中，不可混入蛋黄。

2 将鸡蛋打至粗泡状态，加入 20 克细砂糖，打至泡沫变细腻。再加入 20 克细砂糖。

3 继续中速打至起纹路状态，拉起打蛋头，尖端呈倒三角状即可。

三、将面糊混合

1 取 1/2 蛋白霜加入蛋黄奶酪糊中，翻拌均匀。

2 将蛋黄奶酪糊全部倒入蛋白霜盆中，继续翻拌至面糊均匀、细腻如绸缎状。

3 在活底模内部涂上一层黄油或者色拉油（也可放上一层防粘纸）。模具外部用锡箔纸包裹好。

4 将面糊倒入模具至八分满，多余面糊可以装在小纸杯中同烤。

四、烘焙，脱模

1 在烤盘中加入常温水，高度大约 3cm。将装有面糊的活底模放入烤盘，送入预热好的烤箱，放下层，上下火齐烤，140℃，60 分钟。

2 烤好后取出，室温放置约 3 分钟后，蛋糕会和模具边缘脱离。

3 在模具上面盖一个平底盘，倒扣过来，蛋糕就脱模了，再次将蛋糕翻转至正面即可。蛋糕晾凉后即可食用，冷藏味道更佳。

核桃磅蛋糕

材料：全蛋液 100 克，黄油 100 克，糖粉 80 克，低筋面粉 100 克，泡打粉 3 克，桂
　　　圆肉 20 克，核桃肉 60 克，红枣肉 20 克

模具：磅蛋糕模

烘焙：170℃，40 分钟

1　将核桃肉、红枣肉、桂圆肉切成小丁。

2　将黄油软化，加入糖粉搅打约 1 分钟。

3　一点一点加入蛋液，搅打均匀（如果感觉蛋液较多，没有充分融合也没有关系）。

4　筛入低筋面粉和泡打粉，搅拌均匀后加入核桃肉、红枣肉、桂圆肉，拌匀。

5　将面糊放入磅蛋糕模中至大约七分满，送入 170℃预热好的烤箱，中下层，烘烤
　　40 分钟。

6　烤完后取出，放凉，脱模切片即可。

玛德琳蛋糕

材料：蛋液 80 克，低筋面粉 80 克，细砂
　　　糖 60 克，无气味色拉油 80 克，泡
　　　打粉 3 克，柠檬皮屑半个
个数：16 个
模具：玛德琳蛋糕模
烘焙：180℃，10 分钟

1 将柠檬清洗干净，用搓丝板搓下半个皮。

2 将细砂糖、柠檬皮屑和鸡蛋倒在一个盆里，用蛋抽搅拌均匀。

3 将泡打粉和低筋面粉混合，然后过筛加入蛋液中，搅拌均匀。

4 倒入色拉油搅拌均匀。盖上保鲜膜冷藏 1 小时再用。

5 将面糊从冰箱取出，装入裱花袋。

6 挤入模具中至约八分满（如果你的玛德琳模是没有不粘功能的，可以在模具上抹一
层油、撒一层面粉再用，方便后期脱模）。

7 送入预热好的烤箱，放中层，上下火，180℃烘烤 10 分钟。

重乳酪蛋糕

材料：马斯卡彭奶油奶酪 250 克,细砂糖 60 克(20
克放奶油奶酪中，40 克放蛋白中)，蛋黄 25
克，蛋白 60 克，玉米淀粉 15 克，牛奶 10 克

蛋糕底：戚风或者海绵蛋糕底一片

模具：7 寸活底模

烘焙：140℃，80 分钟

1 将马斯卡彭奶油奶酪倒入盆中，加入牛奶、细砂糖，用打蛋器低速搅打均匀。

2 加入蛋黄，继续低速搅打均匀。

5 将蛋糕底片铺入模具中，模具边缘抹上些黄油。

6 将面糊倒入模具中，轻震出空气。

3 将蛋白中速打至粗泡，加入 20 克砂糖，打至细腻泡沫，继续加入剩下的 20 克砂糖和 15 克玉米淀粉，中高速打至湿性发泡即可。

7 送入预热好的烤箱中层，上下火 140℃烘烤 80 分钟（如果用活底模＋水浴法的话，需要用锡箔纸将模具外面包起来。我这里为了方便，直接在烤架下面放了一盘水，有类似隔水蒸的效果）。

8 烤好后冷却，放入冰箱冷藏几个小时后再吃。

4 将蛋白霜倒入奶酪糊中，快速推拌均匀。

零失败必看

❶ 选择柔软的马斯卡彭奶油奶酪，在制作的时候轻松打几下就均匀了，口感也特别的好。KIRI 奶油乳酪也是很柔软的，也可以选择。

❷ 糖的量可以再少 5 ～ 10 克，但不能再少了，再少就不好吃了。

❸ 健康提醒：这款蛋糕热量非常高，不建议三高人群食用，也不建议 3 岁以下儿童和肥胖人群食用，普通人也请适量食用哦。

无水无油纸杯蛋糕

材料：鸡蛋 5~6 个（蛋黄 100 克，蛋白 200 克），细砂糖 100 克，低筋面粉 120 克，柠檬汁 10 毫升，核桃仁 50 克

1 将蛋打入盆中，加入细砂糖和柠檬汁，用打蛋器高速打至 4~5 倍体积大，且提起蛋抽后有清晰的纹路。

2 边筛入低筋面粉边用刮刀拌匀面糊。将面糊分装入小纸杯中，每个装至约八分满（纸杯直径约 5 厘米）。

3 表面撒上核桃碎。送入预热好的烤箱中层，上下火 165℃，烘烤 30 分钟。

零失败必看

① 面糊很稳定，不容易消泡，放心大胆地制作吧！
② 核桃仁也可以拌入面糊中，我这里只在表面撒了一点儿。
③ 糖量不建议再减少了，这款蛋糕吃起来并不觉得很甜。
④ 虽然不加油，但有 100 克糖在里面，热量蛮高的，浅尝即可哦。

蔓越莓饼干

材料：低筋面粉 370 克，黄油 210 克，蛋液 100 克，蔓越莓干 110 克，糖粉 100 克

烘焙：170℃，15 分钟

零失败必看

1. 饼干的大小直接决定烘烤的时间，大家可以看情况进行。
2. 很多烤箱的温度可能不太稳定，大家应该看情况调整自己的烤箱温度。

1 在软化的黄油中加入糖粉，用打蛋器打至黄油颜色变浅，体积略膨胀。

2 分 4 次加入蛋液，每次加入后充分搅拌均匀再加下一次蛋液。

3 加入蔓越莓干搅拌均匀后，再加入低筋面粉搅拌均匀。

4 合成面团，不要反复揉捏，成团即可。

5 将面团装入保鲜袋，擀平整（也可利用各种方形模具来整形哦）。将面团送入冰
箱冷藏 1～2 个小时，把面团冻硬了方便切片。

6 将面团切成条。再切成片，每片约 6 克重。

7 将饼干坯平铺在烤盘纸上。

8 送入预热好的烤箱。170℃，中层，上下火，15 分钟即可。

锦书坊

以美食之名，
传递温暖与感动

一日三餐，有滋有味：

《解馋肉香香》

《鱼的诱惑》

《就是爱吃肉》

《蔬菜有滋有味》

品质生活，时尚美食：

《女人会吃，才更美》

《亲切的手作美食》

《烹享慢生活：我的珐
琅锅菜谱》

《西餐在左　中餐在右》

《米其林餐厅最受欢迎的简餐：100 道美味寿司与三明治》

《米其林餐厅最受欢迎的料理：100 道美味绝配 100 款红酒》

《摄影师的餐桌：凯蒂的周末美食》

《摄影师的餐桌：凯蒂的食谱及其饮食生活的点点滴滴》

甜蜜的烘焙世界，日本烘焙师的专业配方：

《大坪誉的煎薄饼和烤饼》

《大森由纪子的咸泡芙和甜泡芙》

《岛本美由纪的咸披萨和甜披萨》

《荒木典子的法式冻派和慕斯》

《三宅郁美的法式烧饼和可丽饼》

《藤田千秋的司康饼和软曲奇》

《藤田千秋的咸贝果和甜贝果》

《小岛喜和的咸戚风和甜戚风》